证券代码：300152

KRE 科融环境

雄安科融环境科技股份有限公司始建于1980年,是在徐州燃烧控制研究院基础上发展而来的一家集技术研发、工程设计、产品制造、设备成套和工程管理于一体的综合经济实体。为适应市场经营和企业发展需要,经河北雄安新区管理委员会核准,公司名称于2019年7月16日由"徐州科融环境资源股份有限公司"变更为"雄安科融环境科技股份有限公司"。公司于2010年12月在深圳证券交易所创业板上市。

科融环境传统业务为:设计制造锅炉点火及燃烧成套设备和控制系统、大中型点火及燃烧成套设备和相关控制系统,双强少油煤粉点火技术和烟风道燃烧器技术,等离子无油点火技术。公司在行业内树立了高品质、高性价比的品牌形象,在国际上也具有一定的影响力和知名度。

U0383057

Tiny Oil Ignition System
双强微油点火技术

性能更可靠
节油更显著
适应范围广
环保达标,超低排放
富氧技术,适应更广
业绩丰富,品质保证

FLARE
放空火炬
40年国内领先经验

·应用领域
放空火炬应用于采油平台、试油船、炼油工厂、煤化工厂、精细化工合成工厂、钢铁等工艺装置或工厂。

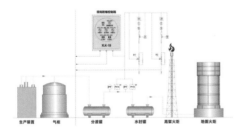

生产装置　气柜　分液罐　水封罐　高架火炬　地面火炬

Plasma Ignition System
等离子无油点火技术

·性能优势
科融等离子点火枪采用高频引弧、一体化磁旋弧技术,冷却水及压缩空气消耗量更少;采用可控硅开关电源,效率更高,能耗更低;设备运行稳定,系统安全,维护工作量更小。

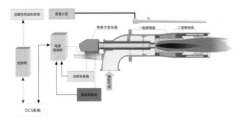

VOCs TREATMENT
有机废气治理
世界领先的废气治理专家

·技术优势
科融环境综合运用近40年的工业燃烧经验,通过精心计算、匠心设计、精准制造、严格检测,确保每一个项目达标投用。VOCs去除效率高达99%以上,热回收效率95%以上。

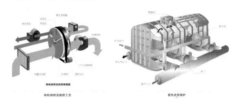

Uitralow NOx Burner
超低氮燃烧技术
匠心独具的设计
细致精准的制造
全面严格的检测

·技术优势
科融环境运用匠心独具的设计,细致精准的制造及全面严格的检测,自主研发的专利技术可将氮氧化物的最低排放量控制在9ppm以下,同时确保燃烧效率和燃烧质量。

关注微信

关注微博

安徽天富泵阀有限公司
ANHUI TIANFU PUMP VALVE CO.,LTD

"国家高新技术企业"
安徽省"民营科技企业"、
安徽省"专精特新中小企业"
屏蔽电泵获得高新技术产品认定

关于我们

安徽天富泵阀有限公司位于长江之滨的皖东明珠天长市，东与人文荟萃的扬州相邻，南与六朝古都南京接壤，地处长江三角南京两个小时都市经济圈内。公司成立于2001年，是研制、开发、生产、销售各类泵阀产品的综合性企业，生产了30多个系列500多个规格品种泵阀产品，产品主要用于石油、化工、核电、城市供水、农田排灌、电力工程、食品酿造、医药卫生、制糖、造纸、化学工业及矿山冶炼、汽车制造等行业，年生产各类泵阀壹万多合（只）。主导产品油泵、磁力泵、屏蔽泵、转子泵、啤酒工艺专用泵、药液泵、化工流程泵、耐腐工业食品泵。

2012年以来，公司领导力主企业转型升级，走科技创新之路。公司投入重金，先后开发出油泵、磁力泵、屏蔽泵等目前国内高端泵类产品。给企业带来了全新的活力，其中油泵和磁力泵已获国家十多项发明专利；屏蔽泵的研制成功也必将为公司在核电和高铁等领域带来更大的经济效益。

Main Products
主要产品

厂址：安徽省天长市经济开发区纬三路118号　　电话：+86-550-7301888

网址：www.tfbf.com.cn　邮箱：18609606668@163　　手机：18609606668

张家港保税区万盛机械工业有限公司

Wellsun Machinery—Expert for Polyester Drying and Intrinsic Viscosity Increasing

张家港保税区万盛机械工业有限公司
于区港合一的保税区——张家港保税区内，是国化纤行业专业的研发生产各种聚酯干燥、增黏设备的企业，同时也是《合成纤维》理事单位及聚酯燥行业中被中石化认定的设备供应商。

通过了 ISO9001 国际质量体系认证、ISO14001际环境体系认证及欧盟 CE 认证，并申请了低熔切片干燥、再生瓶片及泡料干燥、固相连聚装置、A 阻燃切片生产等 11 项专利，拥有一家干燥、黏的研发实验工厂，为客户提供了各种聚酯的干、增黏的小型及中型试验。

先后为国内外涤纶、锦纶（PA6、PA66）、芳纶、纶、PTT、PBT、PBS、PLA、PPS 等化纤民用丝、业丝、复合丝、导电纤维、非织造布、薄膜、热、再生回收料纺丝、回收塑料等生产线配套使用。造的聚酯干燥和增黏设备成熟可靠，具有操作简、自动化程度高、节能、占地省等优点。业务涉美国、俄罗斯、韩国、印度、土耳其、马其顿、兰、阿尔及利亚、越南、印尼、泰国等海外市场。

万盛公司拥有雄厚的技术力量，引进了国际先的数控加工装备和计算机专业设计系统，并组建一个具有自主知识产权的研发中心。万盛公司与内外多家著名化纤工程公司及研究机构保持着长的合作，始终保持着与世界干燥及增黏设备最新术同步。

万盛旨在成为世界一流的聚酯干燥、增黏设备应中心！我们愿为国内外新老客户提供全方位的前咨询和售后服务！相信我们的产品是您最佳的择！

主要产品介绍

产品	产量/容量
切片（瓶片）输送装置	（产量：1~20 t/h）
聚酯切片连续结晶干燥机	（产量：0.1~5 t/h）
锦纶（PA6、PA66）切片连续干燥机	（产量：0.1~5 t/h）
低熔点切片连续干燥机	（产量：0.1~3 t/h）
高收缩切片连续干燥机	（产量：0.1~3 t/h）
再生瓶片泡料连续干燥机	（产量：0.1~3 t/h）
真空干燥机	（容量：0.4~36 m³）
连续固相缩聚装置	（产量：3000~100000 t/a）
间歇固相增黏装置	（产量：15L~10000 t/a）
SSP 专用氮气分子筛	（产量：500~6000 m³）
低压大风量分子筛	（产量：1000~10000 m³/h）

万盛瓶片连续干燥系统特点:

➢ 特别适合 PET 瓶片、泡泡料、熔体块等混合原料干燥;
➢ 原料颗粒可达 25mm×25mm, 原始水分可达 4%, 原料要求低、来源广;
➢ 全自动运行, 高效节能;
➢ 可在线自动添加增白粉、色粉、色母粒;
➢ 适用于聚酯长丝及短纤维生产线。

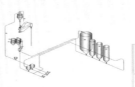

原料输送装置
Conveying System

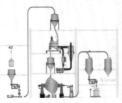

WSB-SSP 切片间歇固相增黏装置
Batch Type SSP System(WSB-SSP)

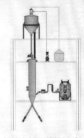

低露点低温锦纶切片连续干燥机
Low Dew Point and Low Temperature Nylon Chip Continuous Dryer

续 SSP固相缩聚
ontinuous Solid-phase olycondensation

机械加工车间
Machining Workshop

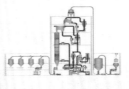

WSC-SSP切片连续固相增黏装置
WSC-SSP Chip Continuous Type SSP System

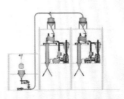

切片输送与 WSBM 脉动流化床结晶连续干燥机
Chip Conveying System and WSBM Chip Pulsed Crystallizing Continuous Dryer

WSKFF 瓶片连续结晶干燥机
PET Flake Continuous Crystallizing Dryer (WSKFF)

片脉动结晶连续干燥机
hip Pulsed Crystallizing ontinuous Dryer

WSBM 切片脉动结晶连续干燥机
WSBM Chip Pulsed Crystallizing Continuous Dryer

家港保税区万盛机械工业有限公司
Zhangjiagang Free Trade Zone Wellsun Machinery Industry Co., Ltd
址：中国张家港保税区金港路 120 号 邮编：215634
dd: No.120, Jingang Road, Free Trade Zone, Zhangjiagang City, Jiangsu Province PC:215634
0512-58783260　13606221990　15062518830 15962476185　Fax:0512-58327925　58327080-836
Mail: cnwellsun@163.com cnwellsun2@163.com Http://www.wellsun.net www.dryerssp.com

CE/ISO9001/14001 认证

![科瑞奇 Korich® Metal Separator]

金属检测分拣机专业制造商
Metal Separator Professional Manufacturer

金属检测分拣机
Metal Separator

科瑞奇Korich金属检测分拣机用于检测并自动分离塑料原料或回料中的铁、铜、铝、不锈钢等金属杂质

【产品简介】

科瑞奇Korich金属检测分拣机是中国一家引进德国核心技术的金属检测分拣机，德国配件、国内组装，采用电磁感应原理，用于检测并自动分离塑料原料或回料中的磁性及非磁性金属杂质（包括铁、铝、铜、不锈钢、锡、铅在内的所有金属杂质），无论金属是否被360度覆盖、有无漆层或涂层位于物料内部或外部等均可被检测并自动分离出来。最小可检测并分离出Φ0.2mm的金属颗粒，检测精度可根据生产需要调节。

【产品优势】

德国配件、国内组装，免费保修三年，
具备高精度、高稳定性的优点，超高性价比

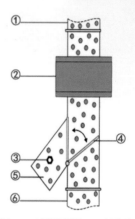

①进料　②检测感应线圈　③金属杂质
④分离翻版　⑤废料出口　⑥好料出口

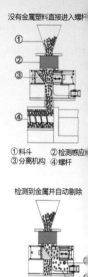

没有金属塑料直接进入螺杆

①料斗　②检测感应线
③分离机构　④螺杆

检测到金属并自动剔除

⑤金属杂质　⑥废料出

【适用行业】

◆ 塑料行业、回收行业、化工行业、食品行业、药品行业及其他行业的物料里的金属检测并自动分离
◆ 广泛应用到注塑成型、造粒、挤出、压延、吹塑、回收、研磨、粉碎等领域

常规系列

屏蔽产品干扰电磁场专用系列

食品药品专用系列、粉料专用型

大口径金属检测分拣机

注塑机挤出机专用系列

上海玲硕实业有限公司

全国24小时服务热线：4008-258-068
www.korichgroup.com

中国石化"十三五"重点科技图书出版规划项目
中国石化员工培训教材

Advanced and Practical Energy-
Conserving and Environment-
Protecting Technologies in
Modern Polyester Manufacturing

现代聚酯
节能环保新技术

陈启中　李金平　主编

中国石化出版社
HTTP://WWW.SINOPEC-PRESS.COM

内容提要

《现代聚酯节能环保新技术》介绍了聚酯装置最新的节能和环保技术，共六篇三十六项技术要点。第一篇主要对国产聚酯工业发展进行回顾；第二篇介绍聚酯原辅料系统节能环保技术；第三篇介绍酯化系统节能环保技术；第四篇阐述缩聚系统节能环保技术；第五篇讲述聚酯切片及后续系统节能环保技术；第六篇主要介绍公用工程系统节能环保技术。本书除对工艺塔蒸汽余热利用、热媒炉提高效率、物料输送节能技术等作详细介绍外，对聚酯装置 COD 减排、粉尘控制、低氮燃烧、VOC 治理、静电消除、放射测量替代等新技术也作阐述，并对其应用效果进行了评价。

该书可作为从事化工、化纤聚酯工业相关的管理技术人员、操作人员、大中专师生等参考和学习。

图书在版编目（CIP）数据

现代聚酯节能环保新技术/陈启中，李金平主编.
—北京：中国石化出版社，2019.9
ISBN 978-7-5114-5437-9

Ⅰ.①现… Ⅱ.①陈… ②李… Ⅲ.①聚酯－节能－高技术 Ⅳ.①TQ31

中国版本图书馆 CIP 数据核字（2019）第 182413 号

未经本社书面授权，本书任何部分不得被复制、抄袭，或者以任何形式或任何方式传播。版权所有，侵权必究。

中国石化出版社出版发行

地址：北京市东城区安定门外大街58号
邮编：100011　电话：（010）57512500
发行部电话：（010）57512575
http://www.sinopec-press.com
E-mail：press@sinopec.com
北京富泰印刷有限责任公司印刷

*

710×1000毫米　16开本　1插页　16印张　290千字
2019年11月第1版　2019年11月第1次印刷
定价：58.00元

前言 PREFACE

贯彻落实国家节能减排的产业政策，选择成熟先进的节能环保技术应用于聚酯工业，已成为大家的共识。例如工艺塔蒸气余热利用、热媒炉提高效率、物料输送节能改造、聚酯装置COD减排、粉尘控制、低氮燃烧、VOC治理、静电消除、放射测量替代等新技术应用是我们实现节能环保的具体措施。

为了全面总结近年来聚酯装置在节能和环保方面技术进步工作，确保本书的系统性和完整性，在新工艺和新设备研发单位的支持配合下（见书后致谢名单），中国石化出版社组织有关技术人员，结合大量资料文献（如：《聚酯工业》杂志、《合成纤维及应用》杂志、供应商技术交流文件、调研报告、技术改造案例资料和论文等），编写了书中所列节能环保新技术。这些技术，有的成功应用于装置改造并运行，有的试验完成渐进推广，有的暂不具备实施条件。我们坚信，今后还会出现新的技术，只要大家共同努力，就一定能够实现能效倍增、碧水蓝天的辉煌梦想。

全书分为六篇，第一篇国产聚酯工业发展回顾；第二篇聚酯原辅料系统节能环保技术；第三篇酯化系统节能环保技术；第四篇缩聚系统节能环保技术；第五篇聚酯切片及后续系统节能环保技术；第六篇公用工程系统节能环保技术。

全书由陈启中主编，李金平定稿。在编写过程中，本书得到了许多领导、专业管理技术人员和生产一线骨干的支持和配合。主要参与人员有：殷小波、周美进、仲维权、王新华、姜兴国、朱后军、于乐平、桑育军、徐进、孙维靖、吴晓白、刘宏华、余胜尧、查宝霞、陈彪、宋志平、张利民、乔成斌、张剑等；感谢朱雪灵、李仁海、褚荣林、史册、吴纬文、李金平、阮云峰、王书冯、方苏俊、孙华平、毛绪国、杨勇、张忠安、沈希军、万涛等领导的关心支持和给予的帮助。同时得到了合作伙伴季先进、李红彬、揭涛、汪芳、张金权、张枚、蒋娇、陈连山、邱岩飞、David、蔡武明、高伟、宫宏、王映宇、李春辉、刘辉、徐书笋、田东明、肖君祥、孔德峰、李晓峰、孙志钦、张宇、闫阔、彭正伟、揭涛、闵蒋华等专家提供支持和组稿，在此一并表示衷心感谢。感谢中国石化化工事业部刘刚先生审稿，感谢中国石化出版社的关心和支持。

该书可作为公司内部从事化工、化纤聚酯工业相关的管理技术人员、操作人员、大中专师生等参考和学习。

由于编纂水平有限，书中会有不完整、不确切、不妥当之处，恳切请求有关领导专家、管理技术人员、一线操作人员提出宝贵意见。

编　者

目录
CONTENTS

第一篇

国产聚酯工业发展回顾

内容摘要： 本篇通过分析国内引进聚酯技术现状，提出开发国产聚酯课题的重大意义，介绍聚酯技术国产化研发过程，并对经典聚酯五釜工艺流程作简要说明。

第1章

国产聚酯工业发展简介

1.1 概述

由于我国人口多耕地少，粮棉争地的矛盾十分突出，而解决人民的穿衣吃饭问题是国家大事，因此，必须大力发展化纤工业。20世纪70年代初期，国家采用引进技术和成套设备的方式，建设了4个大型石油化工企业，同时引进大型聚酯项目（如上海石化、天津石化、辽阳石化项目）；80年代，仪征化纤、上海石化二期等项目均是成套引进技术和设备；90年代上马的60kt/a聚酯技术，仍然从国外引进。国外几家公司基本上垄断了我国的聚酯工业技术。改革开放后，我国各地又迅速建设了一批聚酯装置。回顾聚酯发展历史，生产聚酯的企业从1972年引进的第一套聚酯装置，到1996年国内聚酯产能1740kt/a（20多套生产线），2000年的产能3500kt/a（40家50多条生产线）。而这些聚酯装置基本上是引进成套设备和技术形成的生产能力。其中，德国吉玛公司有19条生产线（1200kt/a），瑞士伊文达公司11条生产线（570kt/a），美国杜邦公司10条生产线（520kt/a），日本钟纺公司9条生产线（310kt/a）和意大利诺伊公司若干条生产线等。在当时引进的聚酯工艺技术中，比较典型的有三种：美国杜邦公司的三釜流程、瑞士伊文达公司的四釜流程、德国吉玛公司和日本钟纺公司的五釜流程。

在多年重复引进国外聚酯技术的历史进程中，我国加快了聚酯产业发展的步伐。但是，装置建成后的缺点逐步显现——产品单一，竞争能力差，成本较高，亏损严重，技术落后，受制于人。为此，根据国内外专家对聚酯工业的发展预测和我国国民经济发展的势头，具有战略眼光的领导层和专家们提出聚酯装置国产化开发研究的课题。大家清醒地认识到不能依靠技术依附性的发展模式，而要追求中国特色的聚酯技术，建立我们中华民族的聚酯工业体系。

1.2 八单元增容改造项目

1.2.1 项目基本情况

1990年下半年，仪征化纤工业联合公司（以下简称"仪化公司"）编写了《聚

2

酯生产线生产能力提高25%~30%技术改造可行性研究报告》。1991年9月25日，纺织部第194号文下达了《关于对仪征化纤工业联合公司聚酯生产能力提高25%~30%技术改造可行性研究报告的批复》，该项目列入中国纺织总会纺织科技3项费用指导性计划项目。这种大规模的技术开发项目是一项系统工程，只有采取联合攻关，才能解决技术难题。1993年10月，由纺织工业部大型骨干企业仪征化纤工业联合公司牵头，公司总工程师蒋士成先生（现为中国工程院院士）挂帅，联合中国纺织工业设计院和华东理工大学组成产学研攻关团队，以聚酯八单元30%增容项目为基础研究，开发聚酯装置技术。为使承担项目有序推进，明确分工和职责，华东理工大学负责基础理论研究开发，中国纺织工业设计院负责工程设计，仪化公司负责工艺及生产软件、设备成套和监制、施工安装和运行，项目开发费用全部由仪化公司承担。项目于1994年8月开始进行技术改造，1996年5月18日开车一次成功。

1.2.2　消化吸收国外技术，展示仪化独特技术

针对多年来引进装置的设计缺陷、实际操作存在问题，通过总结生产经验教训，决定了扩容改造的原则：通过技术改造克服装置的缺点，同时使装置能力提高30%；提高产品质量，增强装置稳定性；降低原辅料消耗和能耗；选用的设备、仪表、自控装置以可靠、经济、合理为原则；生产技术要达到20世纪90年代初国际水平。在科研成果基础上进行工程技术开发，保证项目高起点和高可靠度，充分发挥公司现有公用工程及设备能力，尽可能在较短时间内完成，减少停车损失，并不增加人员，从而最大限度地提高经济效益，对关键设备进行改造，从选材、加工工艺、试验等方面严把质量关。通过对引进技术的消化吸收，以及对装置技术改造成功经验的总结，对影响扩容的主要装置进行了重点改造。一方面改善酯化缩聚工艺条件、增大酯化和预缩聚反应器体积；另一方面通过调整工艺参数，提高缩聚反应器能力，减少气相低聚物夹带，保证真空系统长周期稳定运行。改造后的新工艺实施乙二醇全回用，降低乙二醇单耗，提高主物料流量检测的准确性，避免液位失控和满罐现象，完善电机操作系统，减少电机故障率，提高生产装置运行的稳定性。在开车初期，装置负荷从260t/d上升到300t/d的过程中，不断修正优化工艺参数，从而使工况稳定，产品质量稳中有升，原料单耗逐渐下降，PTA（精对苯二甲酸）单耗比改造前降低2kg/tPET（聚对苯二甲酸乙二醇酯），乙二醇比改造前降低2.5kg/tPET，特别是质量指标DEG（二甘醇含量）、—COOH（端羧基）指标好于设计值，经上海合纤研究所测试，评价为"内在质量优异，可纺性能好"，用户反映产品质量很好。装置的稳定运行表明产量质量比改造前大大提高，达到20世纪90年代国际水平，实现预期目的。

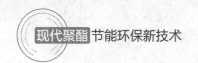

1.2.3　打破国外技术垄断，开创聚酯装置新天地

仪化公司八单元的改造成功，标志着我国已经拥有设计、安装和生产100kt/a聚酯装置的技术，为全面实行大型聚酯技术与装置国产化创造了良好的条件。当时仪化公司聚酯生产能力已从原来的500kt/a提高到700kt/a。仪化公司陆续在其他生产线上全面推广八单元技术改造扩容的经验，走扩容之路，提高聚酯的产量及质量，提高经济效益。按当时每一条线新增销售收入30555万元，增加税后利润2722万元，增加国家税收2138万元计算，技改扩容对仪化公司经济效益的增长是非常巨大的。

对引进装置改造的成功，表明我国有能力自主进行聚酯装置成套设备的研制。1997年国家计委、经贸委把100kt/a聚酯装置成套设备的研制列入了国家"九五"重点科技攻关计划，国产化100kt/a聚酯装置于2000年12月9日终于在仪化公司建成投产。国产技术聚酯装置的研发成功，标志着我国聚酯工业的新突破，打破了国外技术的垄断，降低了投资成本（与国外成套装置相比仅设备购置费用当时就降低1亿元以上），为我国聚酯工业的飞跃发展提供了技术保障。

1.2.4　中国聚酯工业迅速发展产能剧增

近年来，我国聚酯工业抓住国内市场机遇，实现了前所未有的高速发展，取得了举世瞩目的成就，产业地位明显提高，产业素质明显提升，产业结构明显改善，产业布局明显优化，行业竞争力明显增强。主要有以下几方面的原因：

（1）需求的拉动。生活和消费集中，产业布局更趋合理，格局不断演化，用途不断拓展。聚酯工业的下游纺织工业（含服装业）和包装工业（含饮料业）的快速增长，是拉动聚酯工业快速发展的主要原因。

（2）技术的推进。我国化纤聚酯工业在技术装备、产品开发及工程技术等方面取得重大进展。工艺技术和装备技术水平快速提升，特别是国产化技术的成功开发，企业的平均规模提高，大大降低聚酯装置的单位产能投资，降低了行业进入的门槛。规模扩大、投资降低、建设周期缩短，促进聚酯生产装置效率提高、成本下降。以聚酯、涤纶短纤维为代表的大型成套设备的国产化技术研发及工程技术取得突破，从根本上改变了化纤生产设备主要依赖进口的局面。目前，我国化纤新增生产能力的主要技术、设备及工程建设国产化率达到90%以上，整体技术装备达到国际先进水平，并远销美国、日本、南非、南美、印度、巴基斯坦、印度尼西亚、马来西亚、越南、俄罗斯等世界各地。

（3）机制的带动。投资主体进一步多元化，产业活力明显增强。开放的市场，各种竞争主体的参与给聚酯工业带来了活力，国有、外资、民营三类企业的竞相发展，推动了聚酯产能快速增长。

（4）出口的增加。世界聚酯重心在亚洲，亚洲重心在中国。随着聚酯产品竞争力的增强，出口量快速增长。

因此，先进实用、大型化、系列化、节能环保、价格低廉的国产化装备为我国化纤工业发展和竞争力提升提供有力的支持。以聚酯行业为例，大型国产化聚酯成套装置及配套直纺长丝设备，在技术上达到当前国际先进水平，建设周期缩短一半，单位产能投资仅为原来的1/10，运行成本降低20%，产品竞争力明显增强。

2000年，我国聚酯产能3500kt，2005年聚酯的消费量达到14.3Mt，2009年聚酯的有效产能达到约27Mt，2015年产能为36Mt。2016年后，聚酯行业的经营状况有所好转，企业从亏损转化到盈利，新一轮的扩张随着聚酯非纤领域的应用（瓶用、膜用和工业丝）和出口的因素，预测到2020年产能将达到60Mt。

1.3　聚酯工艺

1.3.1　概述

以国产聚酯五釜流程为例说明：PET聚合单元以精制对苯二甲酸和乙二醇等为原料，乙二醇锑为催化剂，通过直接酯化和连续缩聚工艺技术路线，生产PET。直接酯化法在工艺技术、生产流程、自控水平、环境保护以及原辅材料和公用工程消耗等方面具有显著优越性，是现在主流的聚酯生产方法，是一套成熟、先进的工艺技术。该流程包括浆料制备、第一酯化、第二酯化、第一预缩聚、第二预缩聚、预聚物过滤及输送、终缩聚、终缩聚熔体过滤及分配等工序。主要辅助生产装置包括PTA卸料储存和输送、催化剂调配、消光剂调配、过滤器清洗、化验室、热媒站、罐区等。

总工艺流程简图如图1-1所示。

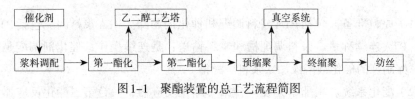

图1-1　聚酯装置的总工艺流程简图

1.3.2　聚酯技术主要特点

聚酯技术具有如下主要特点：

（1）维持第一酯化反应器达到较高的酯化率。酯化反应是一个可逆平衡反应，在一定条件下存在平衡酯化率。当反应接近平衡酯化率时，反应速率大大降低，其他参数波动（如回流乙二醇量和料位变化）对酯化率的变化影响很小，因此有利于装置的稳定运行。

（2）充分发挥后缩聚反应器圆盘转动强化传质的功能。根据对缩聚过程速率受反应控制和传质速率控制的临界判别，确定预缩聚反应器和后缩聚反应器间的负荷分配，充分发挥后缩聚反应器圆盘转动强化传质的功能，提高装置的生产能力。

（3）设置单台工艺塔用于回收乙二醇。该工艺塔主要承担两台酯化反应器气相物的分离，同时在乙二醇全回用流程中承担缩聚反应器气相物的分离。

（4）采用乙二醇蒸气喷射方式产生真空。它和采用水蒸气喷射方式相比较，采用乙二醇蒸气喷射可降低装置能量消耗，并减少蒸气凝液中的水含量，即乙二醇分离后就可以在装置中循环使用。而水蒸气喷射的凝液是作为废水排放，因其中含有乙二醇等有机物，增加了污水排放量。

（5）乙二醇在装置中循环回用。工艺流程中乙二醇在装置中被全回用。两个预缩聚反应器的气相凝液中含水量较高，送到工艺塔脱除水分后，连同后缩聚反应器的气相凝液和乙二醇蒸气喷射泵的凝液直接加入浆料调配槽。

（6）避免真空系统堵塞。在工艺流程上将新鲜乙二醇加在后缩聚反应器的刮板冷凝器和蒸气喷射用的乙二醇蒸发器中，可以改善后缩聚反应器真空系统的操作工况，并提高装置运转的稳定性。

（7）设置废水汽提塔。废水处理采用空气汽提的方式，废气处理采用尾气喷射器引射的方式收集，汽提尾气与废气最终合并送热媒炉焚烧。

（8）节约能源，综合利用。注重低位热能回收，将聚合单元工艺塔塔顶热水送制冷站溴化锂制冷机制冷。

1.3.3　聚酯工艺流程简介

（1）原料准备。包括PTA浆料调配和催化剂调配。PTA浆料调配包括PTA日料仓、PTA连续称量、浆料调配槽和浆料输送，是连续操作；催化剂调配是间歇操作，配制好的催化剂溶液加入浆料调配槽。

（2）酯化系统。聚酯单元设一台第一酯化反应器，一台第二酯化反应器，其配套设备有共用的乙二醇分离塔和用于加热的二次热媒系统。乙二醇分离塔的配套设备还包括热媒循环泵、塔釜出料泵、塔顶空冷器、凝液收集槽、乙二醇接受槽、乙二醇输送泵等。浆料经两段酯化反应后，依靠液位差和压差流入预缩聚反应器，进行预缩聚反应。酯化反应产生的乙二醇和水的混和蒸气进入乙二醇分离塔进行分离，分离后的乙二醇部分进入酯化反应器继续参与反应，部分返回浆料调配系统。酯化反应系统中设置一个事故状态下的乙二醇接受槽。

（3）缩聚系统。缩聚段包括两台预缩聚反应器和一台终缩聚反应器，此阶段为负压反应。缩聚段的配套设备包括乙二醇真空喷射泵和相应的热媒加热系统。缩聚段的负压由真空喷射系统提供，预缩聚反应生成的预聚物经预聚物过滤后输送到终缩聚反应器。终缩聚反应生成的熔体经熔体出料泵、熔体分配阀被输送到纺丝装置。

（4）汽提系统。聚酯装置工艺废水主要是酯化反应产生的水，含微量有害杂质，如乙二醇、乙醛等有机物。聚酯工艺塔外排废水存于废水收集罐中，用输送泵把废水送入汽提塔（填料塔）。酯化废水从汽提塔塔顶向下喷淋，从汽提塔塔底鼓入空气，这样废水和空气充分接触，废水中低沸点的主要有机物——乙醛等杂质从废水中脱除并进入气相，气相尾气送入热媒站热媒锅炉内焚烧，可以达到既环保又节能的目的。处理后的废水不含乙醛等有机物，经废水输送泵、换热器降温后送入污水处理系统进行最终的处理。

装置工艺塔尾气、真空系统不凝气等通过喷射泵引至热媒炉燃烧，废水经气提后COD（化学需氧量）约去除60%。

（5）工艺塔顶余热利用。聚合单元工艺塔塔顶酯化蒸汽换热后的热水在一般情况下被送至制冷站溴化锂制冷机制冷或者热水供暖。

（6）催化剂配制系统。在催化剂配制罐及搅拌器作用下将催化剂溶于乙二醇中，经过滤器过滤后送入催化剂供料罐，然后采用催化剂输送泵将其连续地以特定比例送入浆料配制罐中。

第二篇

聚酯原辅料系统节能环保技术

内容提要: 本篇介绍聚酯装置的六种无尘卸料技术,即小袋包装形式、吨包包装形式、桶装包装形式、盒装包装形式、集装箱装料形式和槽车装料形式,并重点对PTA管链输送技术、吨袋包装PTA固定槽车卸料技术和二氧化钛配制粉尘治理技术作了详细说明。

第2章

聚酯装置的无尘卸料技术

2.1　概述

聚酯工厂的原料涉及多种，包装形式也种类繁多。传统的倒料方式多是采用人工将原料开放式倒入下料口中，因此在投料过程中不可避免地会产生大量的粉尘，而粉尘问题是工厂安全生产和环保工作的重点。人长期处于含有大量粉尘的环境中，会严重影响身体健康，且粉尘浓度达到一定程度，一旦遭遇明火或者静电会引起粉尘爆炸。因此，采取有效措施对投料过程产生的粉尘进行有效控制是聚酯工厂生产中不应被忽视的重要环节。主要的包装形式如下：

（1）小袋包装形式（20/25kg）；

（2）吨包包装形式（1000/1100kg）；

（3）桶装包装形式（100/200kg）；

（4）盒装包装形式；

（5）集装箱装料形式；

（6）槽车装料形式。

对上述不同的包装形式，可采取不同的无尘环保解决方案。

2.2　小袋包装形式的无尘投料

针对倒料能力和自动化程度高低的不同要求，小袋包装的无尘投料形式又可分为以下三种：

（1）小袋手动倒袋站。该系统（见图2-1）配备独立的除尘器和排气风机，操作门配备限位开关与排气风机联锁。当人工投料打开操作门时，排气风机联锁启动，此时整个倒袋站内是负压环境，从而避免粉尘的外逸。同时，倒袋站内部有格栅，可以防止异物进入生产工序。

如果生产需要，还可配置废袋自动处理设施，将清空后的包装袋压实收集，从而进一步避免空袋从倒袋站中取出时的二次粉尘外逸，但投资会偏高。

此种形式倒袋站的优势是结构紧凑、节省安装空间、投资相对较低，但需要

图2-1　小袋手动倒料设备

人工破袋和倒袋，投料能力不大且物料对人体无害。这是一种理想的无尘投料解决方案。

（2）小袋半自动倒袋站。该系统（见图2-2）相对于手动倒袋站，可以称为半自动倒袋站，它可实现自动破袋功能。操作工人只需打开倒袋站门，将袋装物料放置半自动倒袋站中，然后关闭倒袋站门，启动自动破袋按钮，包装袋会被内置的切刀自动破袋，并倾倒物料至缓冲料斗内。倒袋结束后，会自动将切割后的空袋压实收集。其他配置，如配备独立的除尘器和排气风机、操作门配备限位开关与排气风机联锁等，与前述的手动倒袋站相同。此种形式的倒袋站的优势是免除了手工切割包装袋的工序，当遇到对人体有一定伤害的物料时，可以完全避免操作工人与物料的接触。

图2-2　小袋半自动倒料设备

（3）小袋全自动倒袋站。当需要拆袋的物料的数量以数吨或者数十吨计时，前述的手动或者半自动倒袋站的倒袋能力会无法满足要求，或者说需要多台以及多名操作工人来实现。针对这种情况，全自动倒袋站系统（见图2-3）会是一个理想的解决方案，其倒袋能力每小时可高达800袋（粉料）甚至1000袋（粒料）。

操作工人所需做的工作只是将袋装物料放置到输送带上即可，输送带会将袋装物料陆续输送至自动破袋机内，破袋机内有一对相反方向旋转的滚轴（一个为光轴，一个上面有多把锋利的切刀），无论包装袋材质是纤维袋、尼龙袋、纸袋，甚至是麻袋，都会被旋转的锋利切刀切割。切割后的包装袋连同物料一同进入一个大型网孔结构的滚筒内，物料经过网孔进入缓冲料斗内，包装袋被分离出后自动压实收集。

图2-3 小袋全自动倒料装置图

2.3 吨包包装形式的无尘投料

针对吨袋这种大包装形式，吨包倒袋站是一个理想的解决方案。其外形结构形式如图2-4所示。

框架结构承受吨包的整体重量，电葫芦可安装在倒袋站的横梁上，也可安装于车间的横梁上。

配备光圈阀，其中间的柔性材质非常适合吨包袋口通过，且可与吨袋贴合。光圈阀上有多个锁紧位置，可以控制吨袋的出料速度。

配备气动按摩拍打板，有助于吨袋的卸料。对于流动性特别差的物料，还可配备气动拍打棒震动，进一步辅助物料从吨袋口排出。

图2-4 吨袋卸料装置

配备独立的除尘器和排气风机，防止卸料过程中粉尘的外逸。

2.4 桶装包装形式的无尘卸料

当物料包装形式为桶时，其单桶的重量会在100～200kg，甚至更高。依靠单纯的人工根本无法将其翻转，手工从内向外舀取的方式更是完全无法控制粉尘的外逸，而如图2-5所示的倒桶器会是最佳的解决方案。

该系统配置液压提升和翻转装置，轻松一键即可将物料桶提升近1m的高度，并翻转160°。出料口放置手动光圈阀，其上有多个锁紧位置，可以控制桶内的出料速度。

2.5 盒装包装形式的无尘卸料

当物料包装形式为盒装时，无论体积还是重量都不适合操作工独立卸料，手工从内向外舀取的方式更是无法控制粉尘的外逸，而如图2-6所示的倒盒器会是最佳的解决方案，该系统配备液压翻转系统。

图2-5 桶装料卸料装置   图2-6 盒装物料卸料装置

2.6 集装箱形式的无尘卸料

当使用的物料是集装箱形式时，集装箱卸料平台（见图2-7）可以很好地完成卸料工作。根据集装箱的长度不同可以配不同长度的卸料平台，形式也可为集装箱单独放置形式、集装箱和挂车一同放置形式，或者集装箱、挂车和车头一同放置形式。

根据物料的安全倾角和流动性，配置卸料平台与水平地面的夹角最高可倾斜至63°夹角，足以满足大多数物料的卸料。如有额外的卸料高度要求，也可采用提升旋转枢轴来实现。

如果发生液压管线破裂的情况，汽缸有泄气单元和控制节流口确保缓慢放低平台，确保安全。

图2-7 集装箱卸料装置

2.7 散装槽车物料的无尘倒料

传统的散装槽车（固定槽车、移动槽车）系统有两种：一是用压缩机（罗茨风机）气力输送槽罐车卸料系统（氮气）的形式（见图2-8）；二是有自带液压提

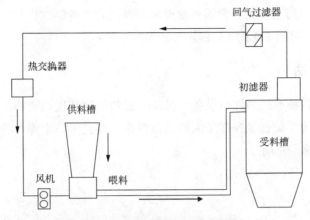

图2-8　气力输送槽罐车卸料装置

图2-9　自卸槽罐车卸料装置

升系统的形式，比如自卸槽罐车（见图2-9）。它们是目前聚酯工厂最常见的两种槽车装料形式。

2.8　管链输送机

管链输送装置（见图2-10）是近年来一种创新型的散料槽车卸料系统，物料可通过重力流进下部的管链输送机，并被送往客户现场的机械输送机或者地下储槽。与气力输送形式的槽车形式相比，管链输送装置的能耗可节

图2-10　管链输送装置

13

约60%以上，且可避免物料泄漏。对聚酯装置而言，管链输送系统是当前比较常用的一种方式，见第3章PTA管链输送技术。

2.9 总结

采用上述各种形式的卸料设备，保证了投料周边环境的清洁，最大程度地减少了粉尘的外泄，确保了操作工人的身体健康，避免了粉尘爆炸的危险，适合在广大聚酯工厂推广使用。

第3章

PTA管链输送技术

3.1 概述

管链输送装置又称链板式输送机，是输送系统中节省能耗、性能稳定的先进输送设备，广泛应用于化工、化纤、矿产和颜料以及食品、建筑材料等行业；用于输送粉状、小颗粒状及小块状等散状物料的连续输送设备，可以实现水平、倾斜和垂直组合输送，水平距离长度达60m，垂直高度达40m。

传统的PTA输送方式为气力输送，该技术是利用风机对氮气加压到一定值后在封闭的管道中将PTA输送到需要的位置，而管链输送比起气力输送，虽然一次性投资成本高，但其运行成本却只有气力输送5% ~ 10%。管链输送具有如下优点：

（1）管道完全封闭，无粉尘，对周围环境无污染；

（2）可应用于需氮封的物料输送，氮气消耗极少；

（3）系统消耗功率小、能耗低，维护及维修成本低；

（4）方案灵活性强，可根据不同工况进行人工投料、槽罐车投料和集装箱车投料，可实现多点投料、多点出料，优化调整配料方案；

（5）可以采取高自动化程度的方式控制，提高工厂现代化水平；

（6）特殊的清洗结构及链条设计，可以在一定程度上满足客户清洁度的要求；

（7）系统运行可靠，噪声低，有利于改善现场的工作环境；

（8）可应用于防爆区域的解决方案。

当前，国内主流生产厂家主要有无锡兴盛环保有限公司、汉瑞普泽粉粒体技术（上海）有限公司、康柏斯粉粒体输送系统（北京）有限公司和上海凯睿达有限公司等。

3.2　工作原理和结构特点

3.2.1　工作原理

在密闭的管道内，主动链轮带动链条上的盘片使得物料沿管道运动。物料在密闭的管道内运动，不会造成泄漏，由于盘片运动速度慢（0.3~0.5m/s），也不会对输送的物料造成破坏。

管链分为绳式链、环形链、板式链三种。环形链和板式链的区别见图3-1。绳式链为盘片直接固定于钢丝绳上，拐弯可不需链轮，流程布置相对容易，常用来输送流动性较好、无腐蚀性的物料如PE（聚乙烯）、PP（聚丙烯）、PC（聚碳酸酯）、PET颗粒等；环形链适用于中等负载物料输送，拐弯一般不设置链轮，适用于流动性一般、腐蚀性中等的物料，如PVC（聚氯乙烯）、PTA粉料等；板式链适用于重负载、腐蚀性较重的物料输送，拐弯必须设置链轮，链条张力最大。在一般情况下，物料本身对管链输送没有特殊要求，PTA输送宜选择环形链。

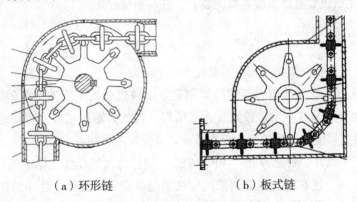

（a）环形链　　　　　　　　（b）板式链

图3-1　环形链和板式链的区别图

3.2.2　管链输送设备的结构特点

管链输送设备具有如下特点：

（1）制造材料：与物料接触的金属材料均为SS304，表面抛光。

（2）管道采用无缝不锈钢管304材质，管壁最小厚度要求：$DN250$，管道规格273mm×6mm，$DN200$管道规格219mm×5mm，$DN150$管道规格168mm×4mm，$DN125$管道规格133mm×4mm。内表面抛光，弯管冷弯一次成型，无缩径和椭圆。

直管内部表面抛光 Ra3.2,弯管内部表面抛光 Ra1.6。

（3）输送盘片：具有 FDA 认证证书。

（4）链轮：不锈钢 304 材质,整体精密铸造,表面硬化、酸洗、抗腐蚀处理,表面抛光 Ra3.2。

（5）链条：不锈钢 304 材质,表面硬化,耐破断强度高,稳定性好,耐磨性强。连接螺栓必须采用高强度金属耐腐蚀防松螺栓。

（6）管道法兰密封面型式采用凹凸面或榫槽面,连接紧密、无缝隙、无泄漏、对口定位精确、无错边。

（7）管链输送机为垂直输送型式时,必须带机械逆止装置,防止发生意外时管链机反转。

（8）箱体最小厚度要求 12mm（*DN*250）、10mm（*DN*200）、10mm（*DN*150）、8mm（*DN*125）、管链输送机传动箱、从动箱轴承盒要求外置,且密封良好,轴承润滑脂不得出现箱体内泄漏而导致物料污染。轴承品牌采用名牌产品。

（9）开关阀：主体材质不锈钢 304,表面抛光 Ra3.2,切换灵活可靠,无卡滞、外漏现象;电磁阀就近安装,方便现场检测。

（10）管链输送机输送管路适当位置设可拆式观察窗,回程设置检修口。

（11）主机设置有链条脱链检测装置,并与系统连锁。

3.2.3 需要注意的问题

管链输送设备在使用过程中需要注意以下问题:

（1）整个系统设计能力匹配的原则是下游输送能力不能低于上游输送能力。控制系统也要考虑这一点,否则易造成堵料。与气力输送相似,堵料也是管链输送运行中最有可能出现的故障,存在造成设备损坏的可能。

（2）关于盘片,可选择 PE、PP 和 TPU（热塑性聚氨酯弹性体）等材质,TPU价格相对较高。现在有些制造商采用棒材切割制作管链盘片,这样制作的强度不够、不耐磨,而使用注塑制作的盘片较耐用;有的公司现在制作的盘片采用两只半圆形盘片通过螺栓连接,发生损坏时可方便更换,而不需分段抽出链条。

（3）水平输送管链,目前输送距离是 60m 左右,超过这一距离可选择两段接力。

（4）每段管链的驱动链轮一般设置在末端,水平管链进料一般选择下方管道。

（5）管链中最易磨损的是链轮,应确保选材质优,否则运行时间长、磨损大易脱链。

3.3　PTA管链输送系统案例介绍

3.3.1　项目介绍

依据近年来PTA粉料输送技术发展趋势，采用管链输送技术对老装置部分生产线PTA输送系统进行技术改造，可有效改善PTA输送系统现状，缓解PTA卸料和输送压力，解决粉尘问题，改善生产现场作业环境；保障装置各单元稳定运行，实现节能降耗，进一步降低生产成本，提高经济效益。下面以中国石化聚酯装置PTA管链输送改造项目为例说明该技术。项目主要任务是新建2套PTA管链输送装置（40m³/h），分别将小包装、海包和槽罐车载的PTA输送到X、Y单元的日料仓，实现粉尘治理和节能降耗的目的。项目包括新建人工投料站、槽车卸料系统、除尘系统、管链输送系统等以及相应改造公用工程和辅助生产设施，原来的PTA卸料和输送线保留作为备用。

3.3.2　工艺路线

项目对所在聚酯装置两条生产线的PTA氮气输送系统进行了相应改造优化，利用PTA管链输送技术，将原来的卸料方式由气力输送大料仓、大料仓气力输送小料仓"二步法"输送改为管链"一步法"直接输送到小料仓。

改造后PTA管链输送基本工艺流程为：吨包装PTA由人工加入装料斗，进入第一段水平管链，在链板的传送下输送至第二段垂直管链，再传递到第三段（需要后接第四、第五段）水平管链，最终送入到楼顶日料仓内。

改造后的管链输送方式具有工艺流程简单，设备少，操作维护方便，电耗、氮耗低，噪声小等优点，符合PTA输送技术发展趋势。

3.3.3　管链输送系统流程

1号线：人工投料→50S01.1→50V01.1→1POS1→1POS2→1POS3→X单元日料仓（311W01）。

2号线：人工投料→50S01.2→50V01.2→2POS1→2POS2→2POS3→2POS4→2POS5→Y单元日料仓（21S01）。

PTA管链输送系统共2套：包括人工投料站、槽车卸料系统、除尘系统、管链系统。其中1号线系统供X单元，2号线系统供Y单元，输送能力均为40m³/h，合计总输送能力为80m³/h，预留活动槽车的软连接自卸接口。项目由两套输送系统（由8条输送机组成）供料，输送机清单见表3-1。输送系统共设2套人工投料站（8个人工投料口和2个槽车投料口），可以人工投料，也可以槽车投料；投料区配置2套除尘器系统。主要设备清单及气动插板阀清单分别见表3-2和表3-3。

表3-1　链板输送机统计表

序号	位号	名称	规格	长度/m
01	1POS1	1号线水平链	$DN200$；$40m^3/h$	15.3
02	1POS2	1号线垂直链	$DN200$；$40m^3/h$	28.8
03	1POS3	1号线水平链到X单元	$DN200$；$40m^3/h$	54.9
04	2POS1	2号线水平链	$DN200$；$40m^3/h$	11.2
05	2POS2	2号线垂直链	$DN200$；$40m^3/h$	28.8
06	2POS3	2号线楼顶第一段水平链	$DN200$；$40m^3/h$	53.4
07	2POS4	2号线楼顶第二段水平链	$DN200$；$40m^3/h$	54.9
08	2POS5	2号线楼顶第三段水平链	$DN200$；$40m^3/h$	43.8
合计	8			291.1

注：1号线到X单元链板3条；2号线到Y单元链板5条。

表3-2　主要设备清单

序号	位号	设备名称（类型）	规格	数量
01	50T08.1/2	电动葫芦（吊车）	HB-10t/20m	2台
02	管链系统 1POS1-3/2POS1-5	输送设备（含脱链控制）	$DN200$；$40m^3/h$	8套
03	50S08.1/2（西/东）	大袋倒料斗	4个口	2套
04	50V08.1/2	槽车倒料口缓冲罐	$2m^3$	2套
05	50F08.1/2	除尘器	$\phi600 \times 1600$	2套
06	50B08.1/2	风机	2.2kW	2台
07	50PLC.1/2	现场控制盘	300×350	2套
08	50KZ1-6	电气仪表柜	2000×1500	8套

表3-3　控制仪表阀门清单

图纸编号	位号	类型	备注
1号阀	XV1P07U	气动插板阀	X单元日料仓管链进口阀
2号阀	XV2P13U	气动插板阀	Y单元日料仓管链进口阀
3号阀	XV1P07	切换气动插板阀1POS2-1POS3	1POS进X单元
4号阀	XV1P13	切换气动插板阀1POS2-2POS3	1POS进Y单元
5号阀	XV2P13	切换气动插板阀2POS2-2POS3	管链2号线进Y单元
6号阀	XV2P07	切换气动插板阀2POS2-1POS3	管链2号线进X单元
氮气反吹阀1号	XV1P01	脉冲（电磁阀）DN25	1号线除尘器
氮气反吹阀2号	XV2P01	脉冲（电磁阀）DN25	2号线除尘器
系统充氮阀1号	XV1P02	电磁阀DN20	1号线充氮保护
系统充氮阀2号	XV2P02	电磁阀DN20	2号线充氮保护
脱链检测1	1POS1-脱	地坑1POS1机头	用于1POS1的脱链检测
脱链检测2	1POS2-脱	垂直1POS2机头	用于1POS2的脱链检测
脱链检测3	1POS3-脱	水平1POS3机头	用于1POS3的脱链检测
脱链检测4	2POS1-脱	地坑2POS1机头	用于2POS1的脱链检测
脱链检测5	2POS2-脱	垂直2POS2机头	用于2POS2的脱链检测
脱链检测6	2POS3-脱	水平2POS3机头	用于2POS3的脱链检测
脱链检测7	2POS4-脱	水平2POS4机头	用于2POS4的脱链检测
脱链检测8	2POS5-脱	水平2POS5机头	用于2POS5的脱链检测

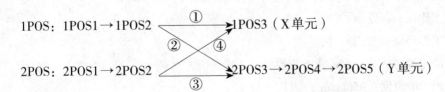

1POS：1POS1→1POS2　　①　　→1POS3（X单元）
②　④
2POS：2POS1→2POS2　　③　　→2POS3→2POS4→2POS5（Y单元）

在正常情况下，1POS送X单元走向为：人工投料→50S08.1→50V08.1→1POS1→1POS2→1POS3→X单元日料仓311W01（路径①）。

2POS送Y单元走向为：人工投料→50S08.2→50V08.2→2POS1→2POS2→2POS3→2POS4→2POS5→Y单元日料仓21S01（路径③）。

当出现故障或异常状况时，1POS和2POS可以切换送料，即

2POS送X单元走向为：人工投料→50S08.2→50V08.2→2POS1→2POS2→1POS3（路径④）。

1POS送Y单元走向为：人工投料→50S08.1→50V08.1→1POS1→1POS2→2POS3→2POS4→2POS5（路径②）。

PTA通过人工卸料站或槽车卸料站通过底部的水平管链送出，经过一段垂直管链将PTA输送到一定高度，然后再通过水平管线输送到PTA日料仓。

3.3.4 项目技术指标

反吹氮气消耗量≤2m^3/h；

氮封氮气消耗量≤9m^3/h；

全年影响生产故障次数0次；

总装置功率130kW。

3.3.5 设备技术条件

设备技术条件如下：

（1）1号线和2号线各设计4个加料口，1个缓冲料斗（2~4m^3）；电动葫芦为10t防爆型吊具，规格为1000×1000。

（2）车辆倒进停放，道路宽8m，按中心线定位，每车4m（广场东西17.4m，南北21.7m），2辆平板车可以同时并排停放，中心间距4m。

（3）1号线与2号线在楼顶设切换插板阀。气动插板阀：切换阀4只，X和Y单元日料仓顶部各1只，共6只。

3.3.6 技术参数

设计温度：90℃，适合活动槽车运送PTA粉末直接投料；

工作压力：常压；

工作环境：室内户外；

额定输送能力：40m^3/h（变频调速，输送能力可调）；

PTA堆密度：950kg/m^3；

PTA湿度：干燥、不黏；

氮气使用要求：管链输送机气源压力为（0.35~0.4）MPa，间断供气（每间隔15min供气2~3s）；主要用于管链系统内保护。

3.3.7 管链设备技术要求

管链设备技术要求如下：

（1）输送机的原材料。为确保 PTA 粉料的质量在输送过程中不受影响，输送机的金属零部件、紧固件全部采用不锈钢 0Cr18Ni9 和 2Cr13 等。

（2）减速机、电动机。配套减速机选用 SEW 或者 NORD 公司产品，为防止故障时管链损坏，配套减速机垂直段带止逆器；配套电动机选用上海 ABB、佳木斯或南阳正规公司产品。

（3）减速机。为平行轴斜齿轮减速机，选用法兰安装形式；配套防爆电机，防爆等级：DIP A22 TA T3，外壳防护等级 IP55，电源 380V，50Hz 三相。

（4）轴密封采用 GB 9877.1-88 内包骨架旋转轴唇形密封圈（FB 型）。

（5）管道及箱体密封采用天然橡胶密封垫。

（6）传动链轮采用精密铸造及热处理加工，材质为 0Cr18Ni9。

（7）不锈钢链条材质为 0Cr18Ni9，固溶处理。

（8）管道采用不锈钢管（304SS），以 DN200 为例，管段为 ϕ219，材质为 0Cr18Ni9；内表面抛光，粗糙度为 Ra3.2。连接法兰采用榫槽定位，定位精度高；整机外表面喷砂钝化处理。

（9）输送机链板选用材料。改性合金材料、尼龙、聚氨脂等制造。

3.3.8 电气技术

（1）项目是 PTA 输送技改项目配套，设计范围为聚酯装置 PTA 管链输送项目：X 单元 MCC 室、PTA 控制室、现场控制和操作。

（2）改造总用电负荷：

一楼和水平：5.5kW/台；2 台（变频）；

垂直和楼顶：15kW/台；（2+4）台（变频）；

除尘装置：2.2kW/台；2 台；

10t 电动葫芦：（13kW；0.8kW/台×2台）；2 套；

总负荷=126.6kW。

（3）电源情况及控制回路：

①考虑到 X 单元大修会停电，为了保证 PTA 输送的正常运作，设计两路供电，使用两路电源切换 X 单元 MCC 室 A7-5 柜作为主电源供电，然后 50MCC 室用 B21 的一个电气柜作为备用电源，电源切换柜放置于 X 单元 MCC 室。

②8 台管送电机均采用变频控制，2 台除尘电机采用直接启动（回路可放置于上述

变频柜内）并分别安装于4面电气柜内，除尘器电磁阀考虑同样的设计。再用一面电气柜作为电源柜，用空开将电源送到每路相应的设备，2台吊装PTA吨袋用的电动葫芦电源也从电源柜引出。合计控制柜5套，设2个现场手动操作盒（含声光报警器）。

③主、备电源切换开关放在电源柜内。

④新增电气柜的接地需要设计。

（4）设备选型要求：

①10台电机全部需用室外用防爆型电机，防爆等级DIP A22 TA T3，防护级IP55以上；其中输送的8台电机全部选变频电机（不带强迫风冷）。

②变频器选用富士G1系列，并且带面板、输入输出电抗器及直流电抗器。

（5）管链8台电机功率设计3个规格。

（6）设有输送机工作状态信号送控制室端口及料位仪信号输入端口。

（7）现场控制箱按粉尘防爆要求设计。

3.3.9　仪表控制技术

（1）设计原则。

要求：X单元/Y单元PTA管链输送系统将采用一套可编程逻辑控制系统（PLC），在现场控制盘对整个输送系统实施集中监视、控制与操作。

根据防爆区域的划分，设在有爆炸危险场所的仪表选用本安仪表。

仪表信号：电信号为4～20mADC，数字量信号包括干接点和NAMUR量信号。

（2）仪表、自控设备的选型。

控制系统：X单元PTA管链输送系统和Y单元PTA管链输送系统将采用PLC控制。引入PLC的I/O点数信息初步统计如下：

①X单元PTA管链系统。

控制室送PLC：X单元日料仓料位高低报信号（DI 2）；日料仓料位模拟量信号（AI 1）

PLC送控制室：X单元PTA管链系统运行、故障状态（DI 2）；

电气柜送PLC：1POS1/1POS2/1POS3电机启动、停止、运行、故障（DI 12）；

PLC送电气柜：1POS1/1POS2/1POS3电机启动、停止（DO 6）；

现场送PLC：脱链控制状态（DI）；气体插板阀位置反馈（DI 4）；

PLC送现场：气动插板阀动作（DO 4）。

②Y单元PTA管链系统。

控制室送PLC：Y单元日料仓料位高低报信号（DI 2）；日料仓料位模拟量

信号（AI 1）；

PLC送控制室：Y单元PTA管链系统运行、故障状态（DI 2）；

电气柜送PLC：2POS1/2POS2/2POS3/2POS4/2POS5电机启动、停止、运行、故障（DI 20）；

PLC送电气柜：2POS1/2POS2/2POS3/2POS4/2POS5电机启动、停止（DO 10）；

现场送PLC：脱链控制状态（DI）；气体插板阀位置反馈（DI 8）；

PLC送现场：气动插板阀动作（DO 8）。

（3）现场仪表。

料位开关：X单元、Y单元日料仓高料位报警采用音叉料位开关。气动插板阀：输送线路的选择采用气动插板阀。

（4）仪表及自控设备的接地安全防护措施。

仪表及自控设备的接地：仪表及自控设备设置两个独立的接地系统（工作接地和安全接地）。工作接地参考点接至控制室内一铜排，然后引至室外的工作接地，接地电阻 < 1Ω；安全接地接至电气的安全接地，接地电阻 ≤ 4Ω。

（5）防爆。

所有电动仪表及接线都将符合使用场合危险区域类别的要求。

（6）其他。

PLC选用一套S7-300：触摸屏能够显示X单元、Y单元PTA管链输送流程图，执行选线操作。触摸屏要能够实时显示各电机运行状态，各脱链系统检测状态。从安全角度考虑，将触摸屏安装在仪表控制柜（1套）门上，现场采用防爆开关箱操作（2套）。现场气体插板阀动作通过继电器控制，与电气柜的所有来往信号通过继电器隔离，与控制室来往开关量信号都需要加继电器隔离。

3.3.10 管链现场实际分布情况

以改造后X单元PTA管链输送基本工艺流程为例说明：小包装PTA由人工加入装料斗，进入第一段水平管链，在链板的传送下输送至第二段垂直管链，再传递到第三段水平管链，最终送入楼顶日料仓内。人工投料斗处设有除尘装置，包括除尘过滤器、除尘风机和反吹装置。PTA管链运行期间，除尘风机不断抽吸使投料斗处形成微负压，减少投料期间PTA粉尘飞扬；氮气间歇反吹，将吸附在滤袋上的PTA振落，保证过滤面积，从而确保除尘效果。PTA管链输送工艺流程图见图3-2。部分现场分布图如图3-3～图3-6所示。

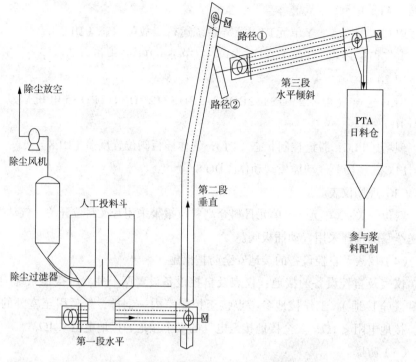

图3-2　PTA管链输送工艺流程图

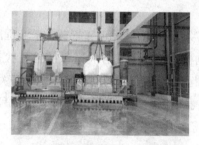

图3-3　卸料现场及POS1、POS2管
　　　链布置图

图3-4　联合平台切换阀实现1POS
　　　和2POS之间切换图

图3-5　1POS3→X单元日料仓照片

图3-6　2POS3→2POS4→2POS5→
　　　Y单元日料仓照片

3.3.11　实施效果评价

根据对改造前后的运行数据分析核算，计算出输送1t PTA所消耗的电能，见表3-4。

表3-4　改造前后对比数据表

名　　称	X生产线	Y生产线	平均
改造前/kW·h（气送方式：标定数据）	23.73	21.94	22.835
改造后/kW·h（管链方式：标定数据）	1.16	2.18	1.67
改造后占改造前/%	5	10	7.5
节约用电量/kW·h	22.57	19.76	21.165

聚酯装置2014年全年完成吨袋小包装卸料量151kt，2015年全年完成吨袋小包装卸料量130kt，2016年管链卸料量160kt，三年合计341kt，节约电能7.217GW·h，节约电费346万元；三年节约氮气39万元，回收PTA物料66万元，减少污水处理费用60万元，运行维护费用减少40万元，合计降低成本551万元。

第4章

吨袋包装PTA固定槽车卸料技术

4.1　概述

在20世纪80年代的聚酯装置中，一般设计了吨袋PTA卸料站。吨袋装的小包装PTA卸料过程粉尘最为严重，因此，有必要对其进行改造。

基本思路：对固定槽车系统采用负压原理进行改造，不但解决粉尘污染环境和对人的伤害问题，而且减少了PTA的浪费。

4.2　PTA粉尘问题影响因素

早期建成的聚酯装置，PTA卸料站区域内设备设施投用时间已达30年。由于该卸料工艺为80年代初期的设计思路，设备设施陈旧落后，在小包装PTA卸料过程中，现场PTA扬尘严重，整个区域内都有PTA粉尘分布，因此存在以下安全、环保、职业卫生、物料浪费等问题。

1）影响现场作业安全

卸料过程中和作业平台上堆积的粉尘较多，增加了作业人员活动时的滑倒风险。现场环境空间也布满PTA粉尘，电动葫芦等电气设备设施工作环境恶劣，设备故障和损坏的概率增加。同时，现场堆积的粉尘也对现场动火等作业安全管理提出了更高要求。虽然现场管理采取及时清扫、收集等措施，但仍然不能从根本上杜绝由粉尘引起的安全隐患。

2）带来一定的环境污染

PTA属于有机酸，进入水系统后须经处理合格才能排放。针对PTA粉尘污染的情况，现场已设置收集明沟。地面的PTA经明沟进入沉淀池，将大部分PTA在沉淀池中收集后，清液进入生产污水系统。由于清液中仍有一部分PTA存在，客观上增加了污水系统的处理压力。由于PTA粉尘扬尘范围较大，部分PTA到达卸料区东侧道路、灌木以及树叶上，下雨时会进入雨水系统，虽然通过初期雨水拦截系统阀门能够对其拦截，但杜绝PTA来源才能从根本上解决环保隐患。

3）对现场作业人员的健康有影响

由于现场作业扬尘较多，作业人员完成作业后经常是满身粉尘，存在一定的职业卫生隐患。虽然采取佩戴防尘口罩等防护用品来给作业人员提供保护，但对身体健康仍有一定的影响。

4）造成物料损失浪费资源

小包装PTA卸料时，从加料小料斗中喷溅出的PTA落地后，虽经清扫收集，但不能回收的PTA形成的地沟料每月有数吨。

4.3　分析与对策

4.3.1　分析

对PTA小包装卸料、投料和结束过程进行跟踪观察，PTA粉尘主要出现在四个阶段：一是开始投料，在打开卸料蝶阀时，槽车中残余气压将粉尘从投料口吹出；二是小包装下部割除系绳开口时，因投料口直径仅为500mm，PTA粉体易散落到平台上；三是一个投料口在投料时，因槽车处于常压卸料状态，随着槽车内物料增加，体积在动态减少，因而造成空气夹带PTA粉料从其他投料口持续喷出；四是每包PTA要投尽余料时，抖袋过程会有较多PTA掉落。

4.3.2　对策

针对以上情况，拟对每台固定槽车增加一套粉尘过滤器和抽气风机，在加料口处形成微负压，投料时PTA粉尘就不会喷出。

4.4　固定槽车技术改造方案

根据设计部门的核算，固定槽车不可以开孔连接除尘器，因此，利用固定槽车原有三个接口进行改造。将每台槽车的中间接口作为除尘器接口，东西两侧接口继续作为加料口。空气和PTA粉尘从中间接口吸至除尘器后，PTA粉尘被滤芯过滤下来；空气经过滤器被吸入排风机，从排放口放空。由于排风机的抽吸作用，槽车上部空间形成负压，因此投料口空气由外向内运动，可以基本消除系统的扬尘；除尘器设有氮气反吹装置，滤芯上附着的PTA粉尘经反吹后落回槽车内继续使用，不产生物料损耗；对每台槽车两个投料口进行改造，将投料口直径改为800mm，将PTA包袋直接放置在投料口上，利用包自身的重量和柔性作为密封，减少粉尘溢出。同时设计按摩板，对包袋进行拍打清除余料；PTA除尘器下的蝶阀改造为自动气动阀，现场设操作按钮，控制气动阀的开启和关闭。每个装置新增一套PLC（可编程逻辑控制器），控制除尘器反吹、气动阀开关、风机和按摩板启停等操作。

基本操作流程（见图4-1）：小包装PTA投料前，先启动PLC控制系统（自动启动风机、开启气动阀），确保槽车微负压后，分别在东西两侧开始加料，除尘器反吹电磁阀定时反吹；约10包后完成小包装卸料；操作人员手动关闭气动阀，PLC停运风机并停运反吹系统。

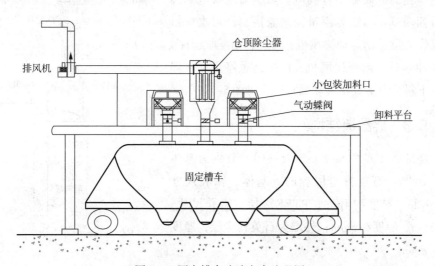

图4-1　固定槽车改造方案流程图

4.5 改造后地沟料情况

PTA卸料采用最新风机抽吸负压技术，基本杜绝了粉尘外扬和地沟料的产生，解决了环境污染、对人体伤害和物料损耗的问题。

第5章

二氧化钛配制粉尘治理技术

5.1 概述

在聚酯主装置区域，辅料二氧化钛（TiO_2）的加料过程中，向投料口加料时，空气夹带粉料会从投料口持续有粉尘喷出，存在粉尘污染职业卫生隐患。

5.2 工艺设计示意图

除尘器与二氧化钛配制罐通过管道相连，空气经除尘器、风机排出室外，使投料口形成负压，加料斗和除尘器连接管道之间采用管道相连，中间设风门控制合适的风量，使投料斗侧面的底部均有吸风。除尘器反吹电磁阀通过西门子logo智能逻辑控制器控制，每次加料时操作人员手动启动排风机，logo启动反吹程序，完成卸料时手动停运风机，logo延时停止反吹程序。下料管道上设置气动插板阀，见图5-1。

5.3 烧结板结构

烧结板（见图5-2）分为三层，分别为基体层、涂层、石英粉尘层。PE-基体，微孔尺寸约30μm，厚度约4mm；PTFE涂层，微孔尺寸：2~3μm，厚度约5mm；外层为石英粉尘层，厚度小于8mm。

烧结板材料有如下几个特点：

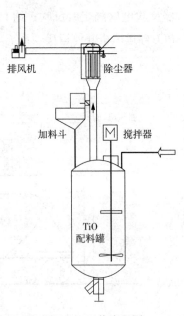

图5-1 工艺流程图

（1）由于使用了PE和PTFE，耐强酸和强碱；

（2）PTFE涂层深入基体形成多微孔结构，不易磨损和撕裂；

（3）耐强湿和微油；

（4）不存在纤维脱落造成产品污染的风险；

（5）可再生（可整修）；

（6）可提供抗静电型过滤元件，用于易燃易爆粉尘收集。

图5-2　烧结板结构图

5.4　烧结板除尘器特点

（1）可分离的粉尘粒径＞0.1μm；除尘效率达到99.999%；

（2）使用寿命预期大于10年；

（3）在整个使用寿命期间，过滤阻力稳定；

（4）卓越的分离效率；适应高入口浓度；

（5）过滤效果：远小于1mg/m³的排放浓度；

（6）高可靠性，维护工作量少；

（7）低能耗，更换烧结板过滤元件时不会造成产品的浪费，对有价粉末的回收场合具有特别重要的意义；

（8）需变换回收产品时，拆下过滤元件清洗即可，方便快捷。在药品、颜料、喷涂等生产工艺中意义尤为重大；

（9）符合ISO14001和食品卫生标准。

5.5　现场安装图

二氧化钛加料系统采用最新风机抽吸负压技术，解决了粉尘外扬、环境污染对人体伤害和物料损耗的问题，见图5-3。

5.6　操作过程

（1）物料由托盘运到现场后，由操作人员拆去塑料保护膜。

（2）操作人员通过刀片割裂纸袋，搬运物料直接放在加料装置口上而将物料倒入下料斗中。

（3）系统产生的粉尘由除尘风机吸入烧结板除尘器。每次加料后通过脉冲气流反吹清灰，被吹下的物料返回加料系统进而进入生产系统。

图5-3　现场安装布置图

（4）当系统下料不畅或除尘器压差过高时，需要对设备进行清理，同时对除尘器滤料进行清洗.

（5）加料完后关闭下料管道上设置的气动插板阀。

第三篇

酯化系统节能环保技术

内容摘要： 本篇分析了聚酯装置酯化系统塔顶蒸汽余热综合利用基本情况，重点对热水加热乙二醇技术、PTA浆料预热技术、制冷技术、发电技术作了详细说明，并介绍了酯化废水汽提和尾气送烧技术、酯化废水有机物回收技术。

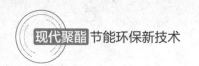

第6章

塔顶蒸汽余热利用

6.1 概述

在PET生产中，能源的消耗在酯化系统、预缩聚系统和终缩聚系统。其中酯化系统占能源消耗的三分之二左右，而聚酯主装置中消耗的热量55%左右被酯化反应所产生的气体及熔体所带走，其中酯化蒸汽带走的热量约占38%，熔体所带走的热量占17%左右。因此，要降低能耗，必须先回收酯化蒸汽余热。

下面以中国昆仑工程公司（原中国纺织工业设计院）的五釜工艺（一套200kt/a，日产600t）为例，说明脱水工艺过程。

聚酯五釜合成工艺分为二级酯化（酯化和脱水）和三级缩聚（聚合和增黏）。在酯化段，PTA与乙二醇（EG）在一定的温度和压力下（正压），发生化学反应生成对苯二甲酸乙二醇酯（BHET）和大量水，而水与乙二醇一起以气体状态从酯化反应釜的顶部排出，同时伴有少量醚、醛等气体产生。这些混合气体通过管道进入工艺塔釜底进行精馏单元操作。经过工艺塔精馏后水蒸气、醚和醛等轻组分从塔顶蒸出（习惯称为塔顶蒸汽或者酯化蒸汽），EG和少量的水（约1.5%）等重组分从塔釜排出，一部分继续回流到酯化釜中参与反应，另一部分继续参与浆料配制工艺。

6.2 能量核算

在PET生产负荷为600t/d时，以生产1t的熔体约排出187kg水分、工艺塔顶回流比R约1.3核算，大约产生102℃的塔顶蒸汽10.8t/h。而塔顶蒸汽需要冷凝，冷却到80℃左右大部分再回流到塔顶，多余的排到废水汽提装置处理（主要由汽提装置提炼乙醛等轻组分进入炉内燃烧或是回收乙醛等有机物，在以下章节介绍）。

热量核算：

100℃时蒸汽的相变热：$r=2257.3$kJ/kg；

蒸气量$M_{汽}=10800$kg/h；

冷凝放热$Q_1=M_{汽} \times r=10800 \times 2257.3=24.379 \times 10^6$kJ/h；

冷却放热 $Q_2 = C_水 \times M_水 \times (T_2 - T_1) = 4.2 \times 10800 \times 20 = 0.907 \times 10^6 \, kJ/h$；

合计放热量 $Q = Q_1 + Q_2 = 25.3 \times 10^6 \, kJ/h$；

塔顶蒸汽每天产生总的热量 $= 25.3 \times 10^6 \times 24 = 5.86 \times 10^8 \, kJ/d$；

按照天然气的热值 $q = 8400 kcal/Nm^3 = 35.171 \times 10^3 \, kJ/Nm^3$；

相当于消耗天然气 $W = Q/q = 25.3 \times 10^6 / 35.171 \times 10^3 = 719 Nm^3/h$；

在 PET 生产负荷为 600t/d（25t/h 熔体）时，熔体对应天然气的单耗 $x = 64 Nm^3/t$；

总耗 $X = 25 \times 64 = 1600 Nm^3/h$；

塔顶蒸汽热能占总天然气能源耗比例 $= W/X \times 100\% = (719/1600) \times 100\% = 45\%$。

可见，生产 1t 熔体所消耗的热能有 45% 需要冷却而没有被利用，故可以采取技术手段回收热能。

6.3　余热综合利用基本情况

对于这部分蒸汽的处理总有以下几种方法：

（1）在老装置的设计中，比较典型的有水冷循环型。而水冷循环型是通过大功率的循环水泵分步进行冷凝和冷却完成的，缺点是热能没有回收，同时还消耗了电力输送循环水。

（2）在新建装置的设计中，比较典型的有风冷调节型。在塔顶设置空气冷却器，直接用变频风机冷却，根据凝液温度调节风机转速。该技术方案优点是工艺流程简单、操作方便；缺点是热能浪费严重，没有回收效益。但是，风冷调节型比水冷循环型经济性要好，主要是耗电量有所降低。

（3）热水制冷型。热水制冷型主要是通过列管换热器取得 95℃的热水，再经过溴化锂制冷机取得 7℃冷冻水为聚酯装置所用（在以后章节详细介绍），主要优点是回收了一部分热能。

（4）余热发电型。利用塔顶蒸汽通过 ORC 发电机组产生电力，并入装置配电系统供装置自用，减少电力消耗，降低成本。

近年来，各企业结合自身情况，成功开发了热水加热 EG 型、冬季采暖型、夏季制冷型、浆料预热型、余热发电型。组合越来越多，效果更加经济。

第7章

塔顶蒸汽余热利用——热水加热乙二醇技术

7.1 概述

在聚酯生产中，新鲜乙二醇的正常温度约为20℃，用工艺塔（C01）的塔顶热水换热器的热水余热，对生产线的浆料配制、新鲜乙二醇、催化剂配制、乙二醇蒸发器的新鲜乙二醇等进行加热，达到降低热源消耗的目的。

7.2 工艺改造方案

在聚酯单元三楼的空置位置上增加一台列管换热器。换热器的热介质为热水，引自工艺塔C01的塔顶热水换热器的回水管。换热器的冷介质为新鲜乙二醇，引自新鲜乙二醇管线。举例说明：管线自新鲜乙二醇调节阀第二道球阀的阀前引出，回到该球阀的阀后，正常使用时原先的调节阀的第二道球阀处于常闭状态。

改造后工艺流程见图7-1（图中虚线部分为新增加设备和管道）。

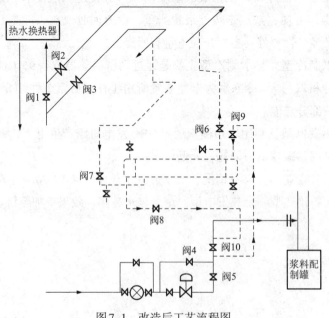

图7-1 改造后工艺流程图

7.3　主要工艺设备

新增一台列管换热器，技术参数见表7-1。

表7-1　换热器技术参数表

制造单位	无锡力马化工机械公司	
换热面积	97.5m^2	
折流板间距	210mm	
净重	2480kg	
	管程	壳程
设计压力	0.8MPa	0.65MPa
设计温度	70℃	95℃
耐压试验压力	水压1.0/气压0.8MPa	水压1.0MPa
介质	新鲜乙二醇	热水

在三楼的空置位置上增加一台列管换热器。用工艺塔C01的塔顶热水换热器的进水管热水，对浆料的配料新鲜乙二醇进行加热，达到提高温度的目的。

7.4　运行考核情况

投运后对换热器运行情况进行了跟踪。浆料温度由投运前的35℃上升到投运后的50℃，平均上升15℃。投运前后温度变化如图7-2所示。

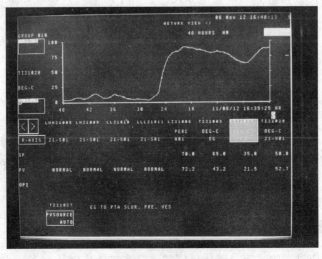

图7-2　改造后对比图

7.5　效益核算

浆料流量 F 为 30t/d（按聚酯负荷 600t/ 核定）；

EG 比热容 $C_p = 2.5534$ kJ/（kg·K）；

PTA 的比热容 $C_p = 1.2067$ kJ/（kg·K）；

年运行天数按 360d 计算；

热媒炉热效率 η 按 90% 计算；

天然气热值按 8400kcal/Nm³、价格按 2.16 元 /Nm³ 计算；

改造以后 PTA 浆料温度按提高 15℃；

直接经济效益（PTA 浆料中 PTA 含 70%、EG 含 30%）；

$Q = F \times C_p \times \Delta t = 30 \times 1000 \times 70\% \times 1.2067 \times 15 + 30 \times 1000 \times 30\% \times 2.5534 \times 15 = 724824$ kJ/h；

按照天然气的热值 $q = 8400$ kcal/Nm³ $= 35171$ kJ/Nm³；

每小时节气 $V_1 = Q/(q \times \eta) = 724824/(35171 \times 0.9) = 22.9$ Nm³；

每年节气 $V_2 = 22.9 \times 24 \times 360/1000 = 198$ kNm³；

节约成本 $= 198 \times 1000 \times 2.16/10000 = 42.8$ 万元。

实施乙二醇预热改造后，由于浆料温度的升高，可减少第一酯化反应器加热量，每年可节约天然气 198kNm³，实现经济效益约 43 万元。

7.6　结论

换热器投用后运行稳定，工艺受控。

换热器投用后新鲜乙二醇温度平均提高 50℃，浆料温度平均提高 15℃，达到设计要求。

第8章

塔顶蒸汽余热利用——PTA浆料预热技术

8.1　概述

在聚酯反应过程中，第一酯化反应釜需要将 PTA 浆料从 40℃左右加热到 250℃

以上，需消耗很多热量，占整条生产线热媒加热量的50%～60%。如果在第一酯化反应器的浆料进料管线上增设一台浆料预热器，利用塔顶出来的部分蒸气对PTA浆料进行预热，可有效减少第一酯化所应所需的热量，既减少能源消耗，又能降低企业成本，实现双赢。

8.2 项目背景

在中国石化M公司聚酯装置中，酯化系统分离塔的塔顶产生0.07MPa、115℃左右的低品质饱和水蒸气，通过循环冷却水全部冷凝成液体。一部分液体根据工艺塔分离要求，作为回流液回到塔内进行热交换，其余的则作为废水排放，生产中产生的废水约6.9t/h。这样的工艺路线，不仅浪费蒸气的冷凝潜热，而且还消耗循环冷却水的用量。为了能有效利用酯化反应分离塔顶产生的低品质蒸气，聚酯车间技术人员提出节能改造建议：回收这部分蒸气，将回收的这部分蒸发潜热用于加热进入第一酯化釜的PTA浆料，希望利用这部分热源将PTA浆料温度从35℃加热到95℃左右，为此增加1台PTA浆料预热器。这样既可以对反应原料进行预加热，同时又能减少循环冷却水的用量，达到节能节水效果。

M公司根据聚酯车间技术人员提供的数据，对这台回收热源的PTA浆料加热器进行方案设计，确定预热器的外形尺寸为$\phi 550mm \times 3000mm$，预热器的面积为$42m^2$，管程数为1，考虑到第一酯化釜浆料黏度较大，且易堵塞管束等因素，所以将预热管选为$\phi 32mm \times 2.5mm$。设备于2008年3月中旬投用，开始管程内的PTA浆料通过回收的蒸气加热，温度从35℃加热到88℃，但随着运行时间的增加，加热后的温度越来越低，约在15d后，实际加热温度已经下降到64℃。在温度下降的同时，换热管内PTA浆料的黏度也逐渐加大，最后出现部分管束出现堵塞的情况，以致设备无法正常运行下去。预热器主要设计参数如表8-1所示。

表8-1 PTA浆料预热器主要设计参数表

内容	壳程	管程
介质	废蒸气	EG/PTA浆料
设计温度	130℃	110℃
设计压力	1.0MPa	1.0MPa
材料	0Cr18Ni9	0Cr18Ni9
换热面积	$45m^2$	
压力容器类别	一类	

8.3 浆料预热器高效传热的机理及设计思路

8.3.1 问题分析与措施

针对8.2节中出现的情况，江苏中圣公司的技术人员对其进行了分析，认为管程内走的浆料黏度较大，它在35℃时的黏度为3.985Pa·s，在95℃时的黏度为0.553Pa·s。可见，浆料随温度的下降黏度增加得非常快，加之管程数为单管程，导致管程内的浆料流速较慢，这样除了容易造成管程堵塞，还不利于传热。这样的流动状态会导致换热管内近壁区域层流层的厚度加厚，因此必须解决管内介质的流动状态。为此，技术人员对PTA浆料预热器（H-13）的方案重新设计。为了能有效减薄换热管内近壁区域层流层的厚度，使用了内波外螺纹的高效换热管来强化管内的传热系数。为了提高管内的流速，将H-13这台设备的管程数设计为3管程，换热管的规格是ϕ25mm×2mm，预热器的外形尺寸不变，仍然是ϕ550mm×3000mm。

这台高效换热装备于2008年6月中旬投用，从投用整个反应体系运行就一直比较稳定。管程内浆料通过回收蒸气加热，温度从35℃加热到100℃，并且能一直稳定在100℃（见图8-1）。

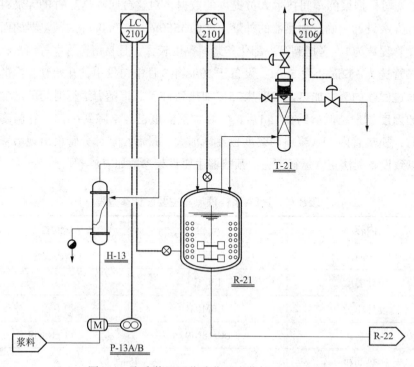

图8-1 聚酯装置回收酯化反应蒸气工艺流程图

T-21—酯化反应分离塔；R-21—第一酯化釜；H-13—PTA浆料加热器；P-13A/B—PTA浆料进料泵

8.3.2　两种预热器性能参数及设备运行情况对比

将这两台预热器的设计方案进行对比，在设备重量及有效换热面积基本相同的情况下，预热器总的传热系数却有较大的区别，尤其管程内的传热系数提高显著。主要的性能参数见表8-2。

表8-2　性能参数对比表

项目	管程内传热系数/[W/(m·K)]	壳程内传热系数/[W/(m·K)]	总的传热系数/[W/(m·K)]	需要的传热系数/[W/(m·K)]	换热面积/m²	设备重量/kg	设计余量
普通预热器	77	7569	71.2	121.2	42.83	1820	−41.2%
高效预热器	124	8616	119.2	105.8	44.6	1750	12.6%

根据车间提供的设备投料运行跟踪表，可以看出普通预热器运行不太稳定，浆料出料温度波动很大，从跟踪进料24d的情况来看，出料温度从96℃降至66℃，并且还有进一步下降的趋势。这期间设备停用清洗一次，清洗后的使用情况仍然不理想，最后停用。而高效预热器自投用后，整个体系运行稳定，从跟踪进料19d的情况来看，出料温度一直稳定在100℃。表8-3和表8-4是这2台换热器投用后的使用情况跟踪表。

表8-3　预热器投用浆料进出口温度跟踪表（普通预热器）　　　　　　　　℃

2008年3月	17日	18日	19日	20日	21日	22日	23日	24日
进料温度	36.8	37.1	36	38.4	38.7	39	38.2	37.2
出料温度	90	88	85	93	93	96	96	92
2008年3月	25日	26日	27日	28日	29日	30日	31日	1日
进料温度	39.8	39.3	38.9	40.3	37.5	41	40.9	38
出料温度	90	93	89	85	85	76	80	75
2008年3月	2～5日停用清洗		6日	7日	8日	9日停用		
进料温度			40	38.1	37.9			
出料温度			70	70	66			

表8-4　预热器投用浆料进出口温度跟踪表（高效预热器）　　　　℃

2008年6月	12日	13日	14日	15日	16日	17日	18日	19日
进料温度	36.7	34.9	37	36.3	37.8	37.4	37.1	41.2
出料温度	100	100	100	100	100	100	100	100
2008年6月	20日	21日	22日	23日	24日	25日	26日	27日
进料温度	42.3	40.4	40.5	39.4	38.5	40.3	40.4	40
出料温度	100	100	100	100	100	100	100	100
2008年6月	28日	29日	30日					
进料温度	40.8	41	40					
出料温度	100	100	100					

8.3.3　改造后产生的效益分析

H-13浆料高效预热器自投用后，酯化釜内的PTA浆料通过利用回收的蒸气加热，温度从最初的35℃左右加热到100℃，整个装置运行一直稳定，能源消耗数据显示节约燃油23.9kg/h，循环水的用量减少36.8t/h。

8.3.4　结论

通过使用H-13PTA浆料预热器（高效热交换器）技术改造，给企业带来了效益。在充分挖掘设备潜力及节能降耗思想的指导下，一定要拓展思路，如果按照传统的思路靠简单的增加设备来解决问题，会造成一些的浪费。利用高效特型换热管代替光滑管，可显著提高换热器的传热效率，降低设备重量，减小占地空间，节约能源，降低成本。在提高传热效率的同时，特型管的特殊几何形状有自清洗作用，使换热表面更不容易结垢，从而延长设备运行周期。所以，高效换热器在企业节能改造、扩能改造、进口设备国产化等方面具有很大优势。

8.4　浆料预热工艺说明

8.4.1　浆料预热器原理

在第一酯化反应器的浆料进料管线上增设一台浆料预热器，利用塔顶出来的部分蒸汽对PTA浆料进行预热。新增加的浆料预热器，管程走PTA浆料，壳程走塔顶蒸汽。浆料经预热器加热后进入第一酯化釜。为保证浆料预热器在正常生产时可以进行清洗和检修作业，因此将原浆料管线作为浆料预热器的旁路管线。浆料预热器投用后，原塔顶换热器继续使用，只有小部分蒸气进入浆料预热器，经过换热过程后产生的废水冷凝液，进入废水系统送往废水汽提系统。在预热器进出口和旁路管线之间增设两只三通切换阀，可以在浆料预热器出现堵塞或换热效果不好进行清洗作业时，将浆料输送至旁路管线，继续向第一酯化釜供料。同时增加乙二醇冲洗管线和冲洗阀，在完成切换操作后，可以对浆料预热器管程或浆料预热器旁通管线进行冲洗。冲洗后的稀浆料，通过原浆料回流管线或连接金属软管排放到浆料配制槽。

浆料预热器设备换热管选用江苏中圣压力容器装备制造有限公司的专利产品——内波外螺管高效换热器（CN02258564.8，CN200520072656.6），它能够提高传热效率，增加热负荷。该设备是以光滑管为坯管，管子内外表面采用无切削的加工工艺制造而成，内波外螺纹管换热器的换热管管内壁呈波纹状，管外壁呈螺纹状，是双面强化传热的换热元件（见图8-2）。管内外螺旋形的波纹及沟槽可以有效地减薄近壁区域流体边界层的厚度。当流体流过管内时，由于管内具有规则的凹凸面，在凹凸面的波峰与波谷间会产生速度、压力突变，在边界层内产生漩涡；同时由于这些波纹是带有螺旋状的，使得近壁区域的流体还有一个沿着螺旋槽的旋转运动，减小了边界层的传热热阻和边界层污垢热阻，提高了传热系数。内波外螺纹管换热器可用于加热、冷却、冷凝等工况。

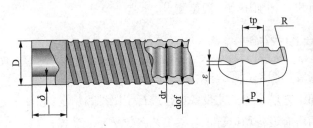

图8-2 内波外螺纹管示意图

8.4.2 内波外螺纹管的优点

（1）内波外螺纹管传热系数是光滑管的1.3～2.2倍；

（2）内波外螺纹管换热器的总传热系数比光滑管可提高30%以上；

（3）对污垢具有自清洁作用，延长换热器的操作周期。

浆料预热器为列管式换热器，换热面积为130～160m^2。为减少管内径向温差、提高传热系数，换热管采用内波纹、外螺纹的结构型式。这种结构的管内边界层能形成局部涡流，不仅可强化传热、提高传热系数，还可消除管内边界层滞流，具有一定的自洁功能，管外采用螺纹结构可强化蒸气冷凝效果，增加管外换热系数，如图8-3和图8-4所示。

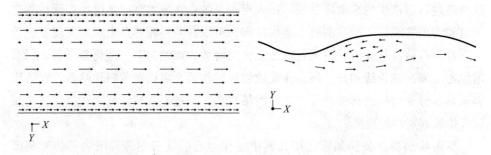

图8-3　直管管内浆料流型示意图　　　图8-4　内波纹管内浆料流型示意图

8.5　工艺流程简介

新增浆料预热器，管程走物料：PTA浆料（组成：含PTA70%，乙二醇30%）。改造前温度为35~45℃，改造后浆料温度为80~90℃，浆料流量为16.5~30t/h，工作压力为0~0.6MPa。换热器壳程走塔顶混合蒸汽（主要成分为水蒸气，其余为少量乙二醇、乙醛等）。混合蒸汽流量为600~970kg/h，温度约100℃，蒸汽压力为102kPa（绝）。工艺流程图如图8-5所示。在设备安装时，每台浆料预热器需增加设备钢结构支撑。为监控浆料预热器换热情况，需在预热器蒸气进口和凝液管线上增加温度测点，在浆料进出口增加压力、温度测点。

8.6　其他聚酯装置应用案例情况

聚酯装置改造后的设备安装如图8-6所示。

考核期间对浆料预热器和工艺塔系统工艺设备运行进行了跟踪，情况如下：

（1）聚酯单元的工艺塔的所有设备均运行正常，工艺参数平稳、受控；

（2）浆料通过预热器后，温度平均升高到80~90℃（平均提升浆料温度40~50℃），节能效果非常明显；

（3）浆料通过预热器后，前后压差平均也有所上升，但对正常生产没有影响。改造后的效益评价如下。

效益核算依据及详细计算方法：

①按照聚酯负荷600t/d计算：浆料流量30t/h；

②PTA的比热容C_p=1.2067kJ/（kg·K）；EG比热容C_p=2.5534kJ/（kg·K）；

③年运行天数按360d计，热媒炉热效率η按90%计；

④按照天然气的热值q=8400kcal/Nm³=35171kJ/Nm³，价格按2.16元/Nm³计；

⑤改造以后PTA浆料温度按提高45℃计算。

直接经济效益：

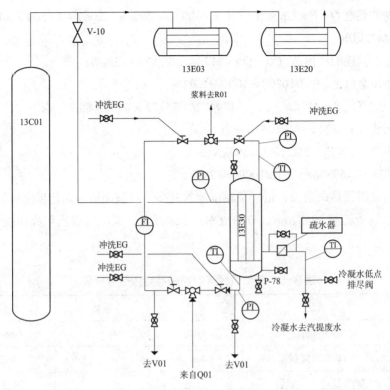

图8-5　浆料预热器流程图

图8-6　设备安装图

减少的热能 $Q = F \times Cp \times \Delta t = 30 \times 1000 \times$（$70\% \times 1.2067 + 2.5534 \times 30\%$）$\times 45 = 2174472$kJ/h；

理论上消耗的塔顶蒸汽量 $= Q/r = 2174472/2257 = 963$kg/h；

占塔顶蒸汽量 $= 963/10800 \times 100\% = 8.92\%$；

每小时节气 $V_1 = Q/$（$q \times \eta$）$= 2174472/$（35171×0.9）$= 68.7$Nm³；

每天节气 $V_2 = 24 \times V_1 = 1649$N·m³；

每年节气 $V = V_2 \times 360/1000 = 593$kN·m³；

节约成本 $= 593568 \times 2.16/10000 = 128$ 万元。

实施浆料预热改造后，由于浆料温度的升高，可减少第一酯化反应器加热量，每年可节约天然气 593kNm³，节约成本约128万元，基本实现当年收回投资（见表8-5）。

表8-5 天然气经济效益和社会效益分析表

序号	项目	单位	系数	参数
1	项目费用	万元		66
2	年节约气量	km³		593
3	年降低成本（效益）	万元		128
4	折旧费用	万元/a		6
5	动态投资回收期	a		0.5
6	节约标准油	t/a	0.93D	551.49
	节约标准煤C	t/a	1.33D	788.69
7	减少CO_2排放	t/a	2.6C	2051
8	减少SO_2排放	t/a	0.0085C	6.70
9	减少NO_x排放	t/a	0.0074C	5.84
10	减少烟尘排放	t/a	0.0096C	7.57

资料来源：《能源基础数据汇编》，国家计委能源所，1999.1。

注：1000Nm³天然气=1.33t标煤=0.93t标油。

第9章

塔顶蒸汽余热利用——制冷技术

9.1　概述

9.1.1　制取热水并联式

在聚酯装置楼顶上，与原来的循环冷却水换热器并联一台列管式换热器（或者使用高效的板式换热器，在以下章节详细介绍）。蒸汽从塔顶出来后，分成两路，一路进入原来的冷凝器，一路进入增加的热水换热器，而冷凝液全部进入凝液储槽，继续为系统使用。夏季制冷（或是冬天采暖）需要热水时，开大热水侧阀门，同时关小冷水侧阀门，使得大部分蒸汽优先进入热水换热器进行热交换产生热水，多余的进入原来的冷水换热器。在列管式换热器中，壳程介质为热水，管程介质为蒸汽。换热后，热水温度可以达90℃以上，既可以供冬季室内采暖系统使用，也可以为夏季制冷使用。

9.1.2　制取热水串联式

在聚酯楼顶上，在原来的循环冷却水换热器前面，串联一台列管式换热器（或者使用高效的板式换热器）。蒸汽从塔顶出来后的管道，通过三通分成两路，一路进入增加的热水换热器，另一路增加隔离球阀，进入原来的冷凝器，而两路的冷凝液全部进入凝液储槽，继续为系统使用。实际使用时，蒸汽先进入热水换热器，加热热水，多余的继续进入原来的冷水换热器。在列管式换热器中，壳程介质为热水，管程介质为蒸汽。换热后，热水温度可以达到90℃以上，既可以供冬季采暖系统使用，又可以为夏季制冷使用。

9.2　蒸汽余热间接（热水）制冷技术

9.2.1　工艺简介

当前，有些聚酯装置的工艺塔顶产生大量蒸汽的热能未能被有效使用，直接被两台列管换热器循环冷却水带走热量，塔顶蒸汽被冷凝和冷却后的工艺水进入工艺塔系统回流使用。而后道纺丝生产装置的制冷机夏季采用蒸汽辅助加热制冷而消耗热源，造成能源严重浪费。

为保证生产的平稳性、成本的经济性，充分利用聚酯热水能源，在聚酯装置楼顶工艺塔附近，与原来的列管换热器串联1台（或者2台）高效的板式换热器及相应的辅助管道，通过用工艺塔顶蒸汽余热给热水加热（从80℃加热到95℃），给后道纺丝装置制冷机提供350t/h热水，满足制冷需求，实现停止使用低压蒸汽、能源优化匹配的目的。

9.2.2　冷冻站工艺生产现状

案例分析：动力装置冷冻站冷冻水供应系统，分为A、B两套系统：A系统主要供应纺丝M装置，B系统主要供应纺丝N装置。出于节能目的，对冷冻水工艺进行优化改造，在过渡季节、低负荷时段，A系统带B系统负荷运行，可以减少耗能。这些制冷系统均采用低压蒸汽为热源。

其中：

A系统冷冻设备包括2台双效机（X201、X205）和2台单效机（X203、X204），总设计冷量供应能力8.7×10^6kcal/h；

B系统冷冻设备包括X206、X207（$2 \times 2.4 \times 10^6$kcal/h）两台双效机。

目前存在主要问题有：

（1）一方面聚酯装置X单元产生的大量热水未能有效使用，另一方面，Y装置冬季采用蒸汽辅助加热，能源严重浪费。

（2）A系统X203、X204两台单效机性能严重下降，蒸汽单耗很高，且几乎无闪蒸蒸汽可用，利用新鲜蒸汽提供动力很不经济，不能适应平衡用能、节能降耗生产的需求。

（3）A、B系统冷冻水泵供水扬程偏差较大，A系统带B系统负荷运行，但B系统无法带A系统负荷；A、B系统回水池液位有一定偏差，不能保证冷冻水均衡进回水池，因而影响循环泵运行。

B系统2台冷冻机（X206、X207），由于只能供N装置，每年只能在过渡季节试车、高温天气老系统能力不足、设备异常情况下运行，运行台时较少，不能发挥应有的作用，效率比较低下。

（4）冷冻站高负荷运行期间安排A、B系统分开单供作业，通过工艺调节、达到工艺平稳需求时间较长，不合理、不经济，易对主生产装置产品质量造成不良影响。

9.2.3　节能改造系统方案

为保证生产平稳性、成本经济性，充分利用聚酯热水能源，增加备台运行裕量，确保各种负荷下冷冻水系统平稳供应，为此需要进行工艺优化改造。

1）热水系统

①与聚酯X单元预留95℃热水管阀后管路碰口，最后连接系统；

②沿相应管架敷设供回水热水管路至冷冻站，必要处增加管墩、管架，或增加"门形"管架；

③尽可能利用原0.1MPa低压蒸汽管（需耐压试验）；

④在冷冻站敷设两台350t/h热水泵，增压维持热水循环系统；

⑤在该系统设置定压补水装置，确保压力稳定。

2）冻水系统

①报废X203、X204两台单效机组，在此空间增设制冷量3480kW（3×10^6kcal/h）热水机组；

②清理原机修间，安装定压系统和热水循环泵；

③连通A、B系统回水池。将冷冻站西门外空间改造为回水池，或使用管道连通，在适当降低回水池液位的基础上，保证回水池蓄水量。

3）热水冬季利用，确保热水全年度使用

①在热水供水管与冷冻水供水总管之间实施跨接；

②在热水回水管（热水出热水机组位置）与冷冻水回水总管之间实施跨接；

③在上述两趟管路分别安装卸压排放检查确认口。

9.2.4　热水间接制冷方案

利用余热：X单元塔顶蒸汽；

单台热水型制冷机，制冷量3480kW（3×10^6kcal/h）；

设备安置地点：制冷机房；

制冷机组热源条件：

热水：（从聚酯装置出来的）进口温度95℃，出口温度80℃；

热水量：350t/h，最大供水压力0.8MPa（表）；

冷冻水条件：进口温度12℃，出口温度7℃，进口压力0.45MPa（表）；

冷却水条件：进口温度32℃，出口温度38℃，出口压力0.8MPa（表）；

调节范围：20%～100%。

1）节能改造工艺说明

①投运制冷机前，聚酯装置X单元现场工艺人员先打开新增加的板式换热器热水进、出口阀门，再打开工艺塔产生的热蒸汽进入板式换热器进、出口阀门，给制冷机组提供的热水加热升温。

②为了保证工艺塔的压力稳定，板式换热器的出口管道直接连接在换热器23E01的进口管道上，部分不凝气再经23E01和23E02两台列管式换热器继续冷却（实际上是串联）。

③停用制冷机时，聚酯装置X单元现场工艺人员关闭板式换热器的进出口阀门，打开去23V01的阀门，将新增换热器进出口管道中的水排掉。

④新增加换热器投运和停用时，现场工艺人员打开进出口管道的脱气阀进行脱气。

2）改造工艺流程图

改造工艺流程如图9-1所示。

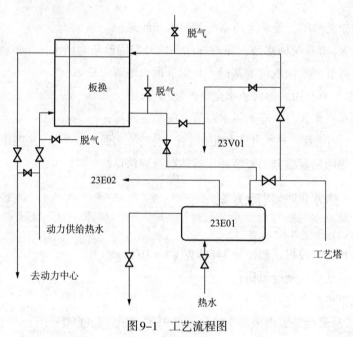

图9-1　工艺流程图

9.2.5　制冷机设备技术要求

1）技术要求

温水型溴化锂制冷机组设计参数：

①制冷量：3480kW（3×10^6kcal/h）。

②热水系：热水进口温度95℃；

热水出口温度80℃。

③冷水系：冷水进口温度12℃；

冷水出口温度7℃。

冷水系统耐压：0.8MPa。

④冷却水系：冷却水进口温度32℃；

冷却水出口温度38℃。

冷却水系统耐压：0.8MPa。

⑤电源：3相、380V、50Hz。

2）基本要求

①本规定适用于热水型溴化锂吸收式冷水机组设计、制造、检验。

②应按照采购文件的技术要求及设备数据表中的操作条件和设计条件进行设计、采购、制造、施工安装、调试，最终生产出合格产品。要考虑到启动、停车及故障条件，同时考虑安装、操作和维修方便而且经济。

③本说明所列的标准、规范、规定和设备数据表的所有要求被认为是本项目的最低要求，必须严格遵守并执行。

④要对机组系统包括主体设备、仪表控制系统、电气控制系统、辅助设备和机组管道系统的安全性和可靠性负全部责任，并负责它们之间的合理匹配。必须保证整个系统在满足规定的使用条件下，高效、安全、稳定、连续运转，并对整个机组成套供货。

⑤应具有制造此类设备和管道的资质和经验。

⑥整个系统中所有对外接管口必须带有配对法兰：体系HG/T 20592—2009。

⑦仪表及控制系统：数据表所列控制项目为最低要求，供货商应在保证连续、安全、稳定运行的前提下，提出详细的仪表测控项目，并成套供应所有仪表。

3）设计要求

设备设计、制造、喷涂、检验、试验和包装应符合国家标准及有关部门认可的供方企业标准。

①电动机轴功率安全系统应按下述要求来选择：

电动机最大轴功率/kW	安全系数
＜0.5	1.50
0.5～1	1.30～1.40
1～2	1.2～1.3
2～5	1.15～1.2

②除了溴化锂溶液、轴承、密封圈及转动部件正常寿命期间更换外,其余的材料和部件应在正常工况下运行20年。

③再生器、冷凝器、吸收器、换热器及各类水管联箱的制造和检验应符合国家有关标准。

④冷水机组的设计应使其在满足设计负荷的条件下平稳运行。

冷水机组应设计成能适应几个荷载同时作用的最严重情况,荷载包括但不限于以下项目:

在运行和测试条件下设备部件及介质的本身荷载;在运行条件下所产生的工作压力;在运行条件下所产生的热应力;其他部件的轴承反作用力、保温和机座反作用力等所引起的附加荷载;流体运动、阀门的快关、安全阀的快关所形成的流体动力;地震负荷。

⑤地震要求。在Ⅶ度地震烈度条件下应保证冷水机组的结构完整性,以确保机组能继续运行。

冷水机组应能在环境温度不超过45℃、相对湿度不超过90%的条件下正常运行。

9.2.6　冷水机组设计和结构特点

1)冷水机组概述

冷水机组应在工厂内组装成整件,并能满足运输和适应现场安装的需要。

冷水机组应包括机座、蒸发器、冷凝器、吸收器、再生器、热交换器、容量控制装置、吸收液泵、制冷剂泵、真空泵、机组内部溴化锂溶液管路系统、自动抽气装置、温水入口控制阀、控制部件及控制盘、机组内控制及动力接线以及其他为满足机组正常安全运行所必需的附件及监测仪表。

(1)蒸发器。蒸发器应为水平壳管滴淋式或喷淋式。冷剂水在换热管外,冷水在管内流动。

蒸发器包括蒸发器水盘、挡液板等,应设置冷剂水液位视镜。

管壳应采用焊接碳钢板或可接受的材料制成,碳钢管板应焊于管壳两端。

管子应为合格材质的紫铜管,并采用机械胀接的方法固定于两端管板上,所有管子应可独立更换,铜管壁厚应不小于0.58mm。

壳体封头箱与壳体两端的管板应采用螺栓连接组成联箱。联箱管道接口应为法兰连接,法兰材料应为碳钢。

(2)吸收器。吸收器应为水平壳管滴(喷)淋式,与蒸发器在同一筒体中,并设有挡液板。溴化锂溶液在换热管外,冷却水在管内流动。

管子应为合格材质的紫铜管,并采用机械胀接的方法固定于两端管板上,所有管子应可独立更换，铜管壁厚应不小于0.6mm。

管内水流速不应超过3m/s并不应小于1.5m/s。

（3）自动抽气装置。冷水机组应由工厂配置完整的自动抽气装置，以便冷水机组在正常运行过程中能随时自动排出系统内存在的不凝性气体。

自动抽气装置应包括（但不限于）真空泵及其驱动装置、抽气引射器、吸气管、气体分离器、银钯管自动排气装置、放气阀。自动抽气装置应直接安装在冷水机组外壁上，并完成内部的所有接管。

自动抽气装置的制作及标记应符合制造厂标准和国家有关标准，其设计压力应与冷水机组溴化锂溶液侧的压力一致。

供方应负责配置和安装自动抽气装置与冷水机组间的溴化锂溶液管路及配件。

（4）溶液热交换器。溶液热交换器应为高效的管壳式或板式换热器（详细介绍见9.3.7节）。

管壳式溶液热交换器应满足下列要求：采用焊接碳钢板或可接受的材料制成，碳钢管板应焊于管壳两端。

管子应为合格材质的换热管，并采用机械胀接的方法固定于两端管板上，所有管子应可独立更换。

壳体封头箱与壳体两端的管板应采用焊接组成联箱。联箱管道接口应为焊接。

管内溴化锂稀溶液流速不应超过1m/s并不应小于0.7m/s。管内溴化锂浓溶液流速不应超过0.3m/s。

2）冷水机组材料

冷水机组所采用的钢板、型材、管材等应符合国家有关标准。

所有两种直接接触的材料必须是相容材料，以防止锈蚀的加速、轴与轴承之间转动失灵及材料表面剥落等现象。设备构件不应含有汞化合物；垫圈、涂料、保温材料及设备其他结构应具有防火特性并符合国家防火协会的等级及其试验要求。

3）冷水机组焊接

冷水机组各部件材料之间的焊接工艺、方法及材料应符合国家有关标准。

4）冷水机组安装

冷水机组应放置于与机组尺寸及重量相对应的基座上，机组应水平设置在加强混凝土板上。机座不需采用减振器。冷水机组应配置吊耳及吊环以便设备的吊装及组装。

5）冷水机组噪声控制

冷水机组在额定工况下运行时，其噪声值应满足：在距离机组外壳2.0m处测

得的声压级应不超过75dB（A），其实验方法应符合国家标准。

9.2.7 电气技术

1）概述

应按规范的要求提供在工厂内装配好的冷水机组内部全部电气接线及接线装置、电气导管、电气部件、电动机接地桩头、动力电源接线盒等设备。供方提供的电动机及电机启动器、控制变压器、控制部件及所有电气设计、制造及接线都应符合本章节及其他章节的要求。需方提供电源、外部控制接线及设备的接地接口。

所有电动机均采用380V、三相四线、50Hz交流电系统，电压变化范围为±15%，频率变化范围为±5%。

每台电动机的设计和构造应与其拖动的设备相匹配，供方有责任保证电动机和泵的组装体及其底座能正常运行和维护。

2）电动机

①应提供密封感应式电动机（吸收液泵应采用屏蔽式）。

②电动机应配置符合国家标准的耐蚀铭牌，铭牌应附有电动机轴承型号、电动机旋转方向及出线端相序。

③电动机应设置热保护器。

④运行特性：电动机应设计在全电压下起动；当电源电压和频率值在技术要求的范围内变化时应能带动设备运转；没有需方的事先允诺，电动机在额定电压下的堵转电流不应超过额定满负荷满载电流的65%；电动机允许的堵转时间应等于或大于电动机及其拖动设备的加速时间。

3）绝缘

除非因周围环境温度增高而有其他要求和规定外，所有电动机的绝缘应是具有B级温升的F级绝缘体系。绕组应经过浸渍使绝缘具备抗潮性能及能够承受发电厂环境中所遭受的一般污染。

4）接地

①应为冷水机组设接地装置。

②对于电气部件和冷水机组机座的不连续段，供方应提供接地导体，使之成为连续。

③电动机应采用可靠的方法连接到需方的接地导体上。电动机座的接地线应使用不小于相线截面的电缆，其机械支撑之间的间隔至少应大于1.5m。

④应提供安装在冷水机组上的控制柜，电源线由控制柜下部引入。控制柜门应与电气设备连锁。

⑤接线要求：冷水机组内部电力电缆应按供方的标准布置；应配备接线端子供需方连接电源线。

5）电气安全性能

电气安全性能应满足国家标准，但不能低于下列要求：绝缘电阻值不应小于 2MΩ；介电强度实验时不应击穿和闪络；接地电阻不应大于 2.5Ω；泄漏电流值应不大于 5mA。

9.2.8　仪表及其控制技术

1）概述

设计安装在冷水机组上的 PLC 控制柜应包括微电脑控制器、液晶式显示器、指示灯、运行控制部件、冷水机组保护及性能监测装置。

供方应对控制柜的所有性能负责，并负责在控制柜和冷水机组间统一、合理地接线及接管，同时对控制和监测系统的调试，使之与冷水机组的运行相统一。

冷水机组按自控级组配套，应随控制柜一起提供远方控制信号（预留通信接口，免费提供通信协议）及计算机通信用接口及接线导管，以便对冷水机组进行远程监控。这些接口及接线导管应与工厂的接口及接线导管相一致。

供方应提供足够的满足整个空调系统集中控制要求的接口信号，模拟信号应为 4~20mA（电隔离）标准信号，DI/DO 应为无源继电器接点。供方应在投标文件中详细列出与空调系统集控的各个联系信号。

供方应提供给需方所有必要的技术资料，包括控制手段和控制程序，以便需方审阅认可。

2）控制柜设计要求

微电脑控制柜应采用按键式控制，可对冷水机组进行机组控制、设定作用、程序操作、各类电动机运行及控制资料的储存、保护、报警及计时等，并设有事故信息诊断的功能。所有监控及显示应采用液晶式显示屏显示。

当冷水机组投入"自动"工况起动后，机组的启动时间仅需 5~8min；稀释运转时间仅需 6~12min，控制精度 ±0.1℃。

9.2.9　性能要求

（1）在冷水机组的冷水进出口温差为 5℃、冷水及冷却水侧污垢系数为 0.086m² · ℃/kW 的标准工况下，机组性能不应低于相关国家标准。

（2）冷水机组性能应符合制造厂的性能要求（但不得低于下列要求）：冷水机组在机组设计工况下的制冷量应不小于名义制冷量；单位制冷量热源耗量不大于

名义值的105%；单位制冷量冷却水流量不大于名义值的105%。

（3）真空度检测达到标准。

9.3 蒸汽余热直接制冷技术

9.3.1 概述

有些聚酯装置的工艺塔顶产生大量蒸汽的热能未能有效使用，直接被两台列管换热器循环冷却水带走热能，塔顶蒸汽被冷凝和冷却后的工艺水重新进入工艺塔系统回流使用。可以在聚酯楼内直接使用酯化蒸汽进入蒸汽制冷机系统制取冷冻水供应聚酯装置或者纺丝装置，减少能源浪费。

9.3.2 直接利用酯化蒸汽案例分析

单台酯化蒸汽型制冷机，制冷量12.56GJ/h（3Gcal/h）；

设备安置地点：聚酯楼内；

长距离输送介质：冷冻水；

利用余热：X单元酯化蒸汽。

表9-1 直接利用酯化蒸汽余热效益分析表

项目	具体数据
初期投资/万元	390
年经济效益/万元	486
投资回报期/月	10
年节省标煤/t	3109.2
年减排 CO_2/t	7741.9
年减排 SO_2/t	68.4

9.3.3 塔顶蒸汽余热回收制冷系统方案

（1）方案基础条件有以下四方面。

①酯化蒸汽余热条件。

按照PET生产单元负荷600t/h，酯化蒸汽量10t/h核定：

温度：102℃；

压力：102Pa（表）。

54

注：当聚酯工艺塔顶停供蒸汽时，可用0.15MPa过热蒸汽（表压，温度约为165℃）替代，确保溴化锂制冷机组维持制冷，且制冷量不得低于额定负荷。

②CO1塔顶酯化蒸汽物性参数。

组成及质量分数：

乙醛	0.99%
水	98.66%
乙二醇0.24%	
其他	0.11%

密度　　　　0.6kg/m^3

比热容　　　2.06kJ/kg·K

热焓　　　　2585kJ/kg

③冷凝液物性参数。

温度：99℃

压力：0.1MPa（绝）

组成及质量分数：

乙醛	0.77%
水	98.89%
乙二醇0.23%	
其他	0.11%

④制冷机要求：

制冷量：12.56GJ/h（3Gcal/h）。

冷水进口温度12℃，出口温度7℃；循环水进口温度32℃，出口温度40℃。

机组安装条件：室外聚酯楼顶，或者在楼内。

（2）酯化蒸汽型DXG系统流程图，见图9-2。

（3）制冷工艺简述如下。

①无冷需求的运行工艺。当聚酯工艺运行，不存在冷量需求的时候，或者制冷设备及工艺进行维修、检修、保养的时候，制冷设备为旁路，属非运行状态。此时，阀组V3101全开，来自乙二醇分离塔顶的酯化汽将直接进入原来的塔顶冷凝器23E01进行冷凝，不凝性气体同样进入洗涤塔进行洗涤，冷却水直接进入塔顶冷凝器，凝结水直接进入高层的水槽，部分去工艺回流，部分排放污水处理，即处于原有的工艺运行状态。

②存在冷需求的运行工艺。当聚酯生产工艺运行，存在冷量需求的时候，制冷设备为主路，属运行状态，共有两种可能运行的形式，其一为额定工况运行

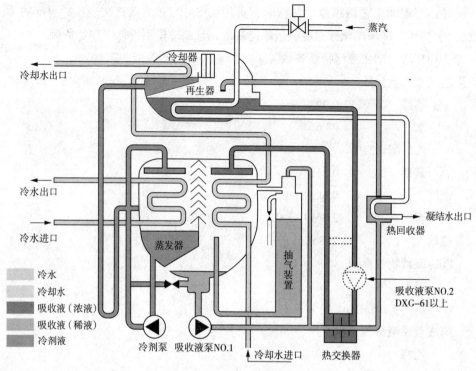

图9-2 制冷流程图

（满负荷运行），其二为非额定工况下运行（非满负荷运行）。

额定工况运行说明：此时，调节阀V3101全关，乙二醇分离塔顶所产生的所有酯化蒸汽全部进入制冷设备，进行制冷，所产生的凝结水进入低位凝结水箱，再由水泵输送到水槽中。酯化蒸汽输送过程中由于压力及热量的变化而产生的凝结水，由于量非常小，可以考虑直接排放或进入水槽。对于不凝结性气体，通过输送管道与原有连接管道后再进入洗涤塔洗涤（需考虑阻力与排放压力的关系）。

非额定工况运行说明：此时，调节阀V3101有部分开度，调节阀开度由酯化蒸汽压力控制实现自动调节。来自塔顶的酯化蒸汽分为两部分，一部分直接进入酯化蒸汽制冷设备，另一部分进入原有的冷却器装置，所产生的凝结水最终全部进入原有的水槽，不凝性气体进入洗涤塔洗涤（主要涉及制冷量的调节问题，如何分配进入酯化蒸汽制冷设备的蒸汽量与进入原冷却器的蒸汽量）。

冷却水流程：与制冷设备的运行密切相关。当制冷设备在额定工况下运行时，冷却水主要流入余热制冷设备，原冷却器此时不需要有冷却水的存在；当在非额定工况下运行时，将有部分冷却水流进制冷设备，同时有部分冷却水流进原有的冷却器；而当系统不需要冷量或设备进行检修时，冷却水将不流进制冷设备，而

56

全部流入原有的冷却器。为实现对制冷设备自身的保护和冷量的调节功能，要求必须实现冷却水的控制功能。

冷冻水流程：冷冻水的流程方式与系统需求的原冷冻水的工艺流程密切相关。冷冻水经过制冷设备后，经定压工艺后，直接进入原冷冻水输出的总管路，满足系统的冷却需求。夏季工况，该部分冷冻水可以并入最近的纺丝车间冷冻水总管，同时停运制冷量12.56GJ/h（3Gcal/h）的蒸汽型制冷机；冬季并入聚酯装置的冷冻水总管，整个厂区只开一台制冷机完全能够满足冷量的需求，并且在冬季，冷冻水输送过程中的冷量损失也是最少的。

9.3.4　制冷机组配置简介

规格：制冷量12.56GJ/h（3Gcal/h）；

型号：DXG-71（松下制冷）；

制冷机组本体（包括蒸发器、吸收器、再生器、冷凝器、热交换器等在内的构成制冷循环的机器）；

具有松下专利的银钯管自动抽气装置　　（机组已装配）；

高智能的液晶微电脑自动控制装置　　　（机组已装配）；

溶液泵、冷剂泵、抽气泵　　　　　　　（机组已装配）；

各种阀门　　　　　　　　　　　　　　（机组已装配）；

独特的溴化锂溶液、冷剂、缓蚀剂　　　（随机）；

安全保护装置及其他传感元件　　　　　（机组已装配）；

机内配管及电气配线　　　　　　　　　（机组已装配）；

具有松下专利的变频装置　　　　　　　（机组已装配）；

随机附件（见装箱单）　　　　　　　　（随机）；

提供各管口配对法兰以及垫片螺栓。

9.3.5　节能效益分析

1）利用蒸汽制冷技术直接与间接制冷比较

直接利用方案（DXG蒸汽单效型机组）：

制冷机COP：0.74；

制冷量：12.56GJ/h（3Gcal/h）；

间接利用方案（温水型机组LCC）：

制冷机COP：0.75；

制冷量：12.56GJ/h（3Gcal/h）。

运行费用比较：间接利用方案比直接利用方案增加一台热水泵，热水泵功率50kW左右，年运行时间按照8000h计算，电费按照0.42元/kW·h计算，每年多产生的运行费用：$50 \times 8000 \times 0.42/10000 = 16.80$ 万元。

综上所述，直接利用方案比间接利用方案每年节省运行费用16.8万元。

很多聚酯企业选择间接利用方案，主要考虑冬季换取热水采暖及提供卫生热水的需求。当然，直接使用会因为蒸汽的品质比较差而影响运行周期。

2）利用酯化蒸汽与低压蒸汽制冷技术分析比较

①运行费用计算。能源消耗由以下三部分组成。

酯化机组自身电耗：节能技术改造后，制冷机组的运行费用主要是电能的消耗，设备自身的电功率为14kW。其中LCC主机年运行费用：$14 \times 8000 \times 0.42/10000 = 4.704$ 万元。

循环冷却水部分耗能：循环水的水泵扬程增加4m，主要用来克服热泵设备的阻力（阻力为$4.5mH_2O$），总流量为$900m^3/h$，由于循环水本来要上冷却塔（双曲线冷却塔扬程30m），该部分能耗比改造前节省。

冷冻水部分耗能：共制取了$600m^3/h$的低温冷冻水，电耗初步估计约50kW（电耗与系统阻力有关，此数据为经验数据）。按电价为0.42元/kW·h计算，则一年的电耗为（年运行时间按8000h计算）：$50 \times 8000 \times 0.42/10000 = 16.80$ 万元。

②维护与管理费用。技术改造后另外发生的费用是系统的维护与管理费用。制冷机组属静止设备，维护与管理所占费用非常之少，主要的维护与管理主要是水泵，设定维护与管理费用为2万元；LCC主机为静止设备，维护费用只包含一些易损密封件的更换等，年维护费用在0.2万元以内。

综上所述，技术改造一年运行周期在运行费用上的费用为$=16.8+4.7+2+0.2=23.7$万元。

3）节能效益计算（与蒸汽双效制冷机比较）

①计算依据

　　　制冷量：12.560GJ/h（3Gcal/h）；

　　　双效制冷机COP值：1.36；

　　　蒸汽价格：140元/t；

　　　电费：0.42元/kW·h；

　　　年运行时间：8000h；

　　　蒸汽热焓：2512kJ/kg（600cal/kg）；

　　　标煤热值：29310kJ/kg（7000kcal/kg）；

蒸汽消耗量：$(12.56 \times 10^6/2512/1.36) \times 8000/1000 = 29412t$；

节省运行费用：29412×140/10000＝412万元；

进行节能改造后，年经济效益：412－23.7＝388万元；

综上所述，系统节能改造后年产生经济效益388万元。

②投资回收期分析。

投资估算：工程总投资约390万元；

年经济效益：388万元；

静态投资回收期：12个月。

③环保效益分析。

本项目节能技术改造实施后可大幅度减少蒸汽消耗量29412t：

节省标煤：（29412000×2512）/（29310×1000）＝2521t；

CO_2减排：2521×2.62＝6605t；

SO_2减排：2521×0.085＝214t。

④安全生产。

节能技术改造系统，实际运行时，可无人值守。

LCC系统主机为静止设备，运转部件为各种泵阀，产品技术及运转可靠。

LCC系统主机虽然结构复杂，工艺抽象，但其内部为负压（高真空），无高压爆炸危险，安全可靠；工作介质是无臭、无毒的溴化锂水溶液，完全能够满足环保要求。

制冷负荷调节范围广，可在20%～100%负荷内进行热量的无级调节。

9.3.6 结论

采用LCC节能技术，回收酯化蒸汽余热制冷，从而大幅度降低纺丝装置的原制冷机蒸汽消耗，实现节能降耗，创造社会和经济两重效益的目的。

LCC系统与传统采暖系统比较有以下四点比较显著的优势：

经济效益显著，大幅度降低蒸汽消耗量；节省维护费用，LCC系统年维护费用仅1500元（含备品备件，人工费用）；运行噪声低，LCC系统运行时噪声60分贝以下；环境友好，系统主机密封性好，没有发生蒸汽泄漏的可能。

本项目利用LCC技术每年可以直接产生经济效益388万元，LCC系统设备投资在一年以内就可以全部回收，系统使用寿命20年以上，节能效益非常显著。本系统技术成熟、节能效果显著，符合国家的节能环保的政策，经济效益和社会效益明显，具有良好的应用前景。

9.3.7 典型高效板式换热器介绍

1）概述

板式换热器是一种高效、节能、紧凑的换热设备。当前，在国内应用比较广泛的板式换热器供应商有阿拉法、传特（Tranter）、四平等公司。板式换热器体积只有普通管式换热器1/10左右大小，这意味着可以减少换热介质，减小泵的功率，减少管路布置，即在满足用户换热要求的同时，不仅可以降低能耗，还可以节省空间。板式换热器板片图见图9-3。

特殊的板纹设计使其有更多的通道组合形式，更大程度地兼顾传热效率与压降的最佳平衡。板式换热器系列图见图9-4。

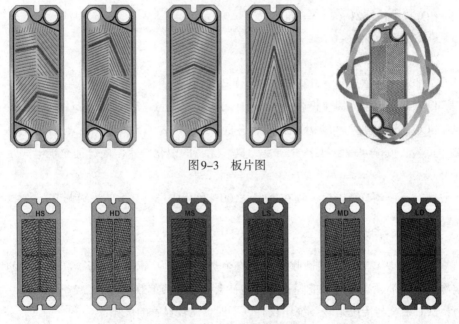

图9-3 板片图

图9-4 板式换热器系列图

2）性能特点及技术优势

结构紧凑占用空间小：很小的空间即可提供较大的换热面积，无须另外的拆装空间；在相同使用环境下，其占地面积和重量是其他类型换热器的1/3～1/5。

传热系数高：当雷诺系数＞10时，即可产生剧烈湍流，一般总传热系数可高达3000～10000W/（m²·K）。

端部温差小：通过逆流的形式进行热交换，可达到1℃的端部温差。

热损失小：只有板片边缘暴露于大气中，热损失极小，无须保温，热效率≥98%。

适应性好、易调整：通过改变板片数目和组合方式即可调节换热能力，与变化的热负荷相匹配。

流体滞留量小：对运转条件的变化反应迅速，拆装简单，容易维护。

易拆装：板片是独立的单元体，拆装简单，可将密封垫密闭的板片拆开、清洗。

结垢倾向低：板间流体的高度紊流和光滑的板片表面，使积垢概率很小，且具自清洁功能，不易堵塞。

低成本：使用一次冲压成型的波纹板片装配而成，金属耗量低，当使用耐蚀材料时，投资成本明显低于其他的换热器。对于非腐蚀性的介质，其价格也具有竞争力。

重量轻：相同的热负荷，重量比其他类型换热器轻，对设备基础的投资小。

3）板壳式换热器特点

①更大设计压力和温度范围。板壳式换热器标准系列的设计压力高达10MPa，设计温度介于–58~900℃，可以提供具有更大设计范围的设备。流体可能在板侧或壳侧发生相变。此换热器特别适合流量不均衡的应用，它允许在壳侧存在较高流量。

②更多材质选择。板片材质可以是SS316L、SMO254、HC–276、钛或其他合金；壳体可以用碳钢、SS304/SS304L/SS316/SS316L等不锈钢和钛制造。当只有一种介质为强腐蚀性时，板材和壳材可以是不同的金属材料。

③卓越的工作性能。它既具有传统垫片式板式换热器的传热效率高、占地小、重量轻、维护简便等优势，又具有耐高温、高压、全焊接、无橡胶垫耐腐蚀的壳管式换热器的优点；可应用于液体、气体和两相混合流体，包括强腐蚀性介质、有机溶剂、高温蒸汽加热等极端的工况条件。

由圆形波纹板焊接而成，科学的板纹设计使流体即使在较低的流速下也能产生很高的湍流度，实现较高的传热效率，内部流体流速及产生的湍流可以冲刷板壁，降低了结垢倾向，同时也为CIP（原位清洗系统）在线清洗提供了条件。

多样的板纹设计和通道组合可以实现传热与压降的完美匹配。长圆形板片可以实现较长的换热流程。

流体在换热器内部逆向流动，可以得到1℃或更低的末端温差，结构紧凑、热容积小、滞留量低、热响应速度快，因此可以随着工艺变化快速启动和关闭，可以在负荷波动期间实现精确的工艺控制。

圆形板片和圆周焊接设计能实现最均匀的应力分布，能够抵御频繁的压力冲击和热冲击。没有尖拐角和直角接焊缝，不存在长方形板在90°角处由应力集中导致的疲劳裂缝。在工作压力温度急剧变化时，不会由于热胀冷缩过大而变形，保证了在各种极端工况下的正常工作。

板式换热器特别适合流量不均衡的应用，它允许在壳侧存在较高流量。

4）安装、清洗与维护

①高效率的板壳式换热器重量更轻，可以节省大量空间并大幅度减小地面负荷。

②换热器还可以根据要求实现立式或卧式安装。

③更易于安装、更简单的支撑结构；不用考虑为了抽出管束清洗而额外所需的非工作空间。

④壳体可拆的换热器只需抽出板片芯，便可以对板片束进行全面检视或对壳侧通道进行全面机械清洗。

⑤容易拆装，板片芯可以更换，清洗维护更换可在现场完成。

5）生产制造

焊接可用焊接工艺包括手工电弧焊（SMAW）、钨极气体保护焊（GTAW）、熔化极气体保护焊（GMAW）、氩弧焊和全自动机器人等离子弧焊（PAW）。

第10章

塔顶蒸汽余热利用——余热发电技术

10.1 背景资料

10.1.1 概述

工业作为三大支柱产业，对中国GDP的贡献超过46%。在工业生产高速增长的同时，大量的废气、废液和污染排放物，严重破坏了人类的生存环境，更加浪费大量生产原料和增加制造成本。在未来几十年内的能源消耗还会一直以矿石能源为主，矿石能源的消耗过程中不可避免地会产生大量废气废热，而我国的单位能耗水平要高出世界平均水平20%～35%，提高能源利用率，降低单位能耗已经迫在眉睫。

工业企业存在大量90～200℃中等温位的低温余热，其大部分被水冷或空冷冷却掉，此低温余热可以采用有机朗肯循环（ORC）发电技术加以利用。工业企业的这类余热资源巨大，为低温余热发电技术的发展和应用提供了空间，因此回收低温余热具有巨大的节能潜力和良好的经济效益。低温热有机朗肯循环发电技术是目前解决工业企业低温热利用问题最为有效的技术途径之一，该技术的推广和应用对于广大工业企业深度挖掘节能潜力、降低单位能耗有着重要的现实意义。

有机朗肯循环系统是一种利用外界热量，驱动机械做正功的能量回收系统，其主要由蒸发器、膨胀机、冷凝器、工质泵及油泵等组成。膨胀机可直接驱动发电机做功，输出可直接利用的电能，其具有无燃烧、无排放、无能源消耗的优势，可直接用于具有低温余热资源的场合。

20世纪70年代美国率先研制出利用冷媒介质在螺杆缝隙间降压、降温膨胀推动主轴转动的螺杆膨胀动力机技术，从21世纪开始成功地应用于地热水、气液两相流余热领域。美国ET公司从2002年开始从英国伦敦城市大学取得螺杆转子N型线的生产许可，研发螺杆膨胀动力机，已能生产废热螺杆膨胀发电机（WHG）和气体减压螺杆膨胀发电机（GPRG），但是最大发电功率仅有37kW。日本北海道大学也进行过氟利昂、气液两相流螺杆膨胀动力机研制，1985年日本前川制作所研究成功用于工业锅炉饱和蒸汽压差发电的螺杆膨胀发电机，其功率为102kW。此外，日本神户制钢株式会社也在进行小型螺杆膨胀发电机的研制工作。

我国"八五"计划将螺杆膨胀动力机技术列为重点攻关项目，1990年已研制出实用动力样机，同年通过国家建材工业局组织的验收，现已在建材、钢铁等行业得到有限的利用。

根据国家工业和信息化部发布的《工业节能"十三五"规划》，"十三五"期间，我国余热回收利用工程将投资600亿元，这将带动螺杆膨胀发电机市场需求快速增长。以余热回收利用工程总投资600亿元的30%用于螺杆膨胀发电机建设计算，每座螺杆膨胀发电机装机功率平均为450kW，电站投资450万元，预计"十三五"期间我国约需建造螺杆膨胀机发电站4000座。当然，这还不包括企业为实现节能减排降低成本而投入的额外建设项目。

为了能大力推广节能技术，提高能源利用效率，"十三五"规划纲要中明确提出单位国内生产总值能耗降低16%的约束性指标，而且根据《中华人民共和国节约能源法》和《中华人民共和国国民经济和社会发展第十三个五年规划纲要》，中央财政安排了专项资金，采取"以奖代补"的方式，对企业实施节能改造给予政策和资金奖励。一套低温余热发电项目投资回收期一般在3年左右，且初始投资额较大，因此，较大的一次性投资对余热发电推广形成阻力。随着国家节能减排政策的推进，高耗能产业和企业对节能装备和技术利用越来越重视。目前，政府正积极落实节能环保的各项优惠政策，加大对企业低温余热利用项目的金融支持，确保节能补贴发放到位，解决低温余热发电并网难题。

降低燃料消耗指标、节能减排是目前我国能源发展战略的主要内容。工业企业是我国的耗能大户，也是节能的重点行业，目前有至少50%的工业耗能以各种余热形式被直接或间接废弃，既造成能源浪费，又造成环境污染，所以对这部分工业低温余热回收利用具有重要意义。现阶段我国在能源利用技术上仍存在很大缺口，工业余热的回收效率只有发达国家的80%。而低温余热发电技术可以充分实现能源的梯级利用。有机朗肯循环是利用低温余热进行发电的有效技术，利用低沸点有机工质代替朗肯循环发电系统中的循环水，可以充分利用较低品位的热源，具有效率相对较高、系统简单、运行维护成本低等特点。

以色列、美国、德国、日本等国家的低温热发电技术发展较早，已经开发出较成熟的有机朗肯循环发电装置，工业应用案例较多，并取得了显著的经济效益。

相对于国外技术，国内对该技术的研究起步较晚，特别是中大型的机组应用案例很少。20世纪80年代，ORC发电技术在洛阳、长岭、锦西等炼厂的某些项目上进行过尝试，但没有大规模推广应用。随着近几年国内企业技术实力的增强，同时为了满足国内节能减排的迫切需求，ORC发电技术在国内蓬勃发展，技术日趋成熟，投入运行的装置越来越多，应用领域越来越广，装机容量越来越大。其中中船重工第七一一研究所在2016年建成并成功运行国内单机装机最大的ORC发电系统（1600kW）。ORC发电装置的投入使用不但响应国家节能减排政策而且降低工业能耗，带来显著的社会效益和经济效益。近年来，国内的低温余热发电项目技术已经得到突破，现已进入产业化阶段，单机设备规格分别有200kW、300kW、400kW、500kW、600kW、900kW。上海711研究所、武汉制冷工业有限公司、上海优华公司、杭州气轮机厂、无锡高达（厦门）公司、安葆公司、山西易通集团（天津大学）、山东德州中大空调集团有限公司等经过几年的研究，都已经完成了低温余热发电的技术开发工作，具备工业化生产设备的设计、制造、调试的能力。

10.1.2　余热发电项目案例介绍

案例1　山西省A县造纸厂。该厂是当地耗能大户，拥有2条耗能达350kW·h的生产线。据企业负责人介绍，公司通过改造安装的发电机组每小时可为每条生产线转化40~50kW的电能，运行5个月以来，平均为企业节省10%电能。

案例2　某环保投资有限公司垃圾发电厂。该项目在原有垃圾发电厂基础上开发建设，对汽轮发电机废气进行回收，进行余热发电。建设装机容量132kW，项目建成以后，年发电可达80万kW·h，年节约标煤280t，减少二氧化碳排放733t，每年可为企业创造60.8万元的经济效益。项目重复利用了废气、废水，还可以补充一部分厂用电，减少了运营成本，而且企业无须投入建设费用。该项目投资近180万元，资金投入和土建工程均由国网C节能服务有限公司承担，"项目投用后，前4年的收益归对方用作回收成本，之后的收益分配由双方分成"。

案例3 被称为"零能耗建筑"的天津D中心将在天津市首次应用余热发电机组。机组已于2013年12月完成调试安装，主体建筑竣工后就投入运行，通过对地热资源进行余热发电以供应文体中心的用电需求。

案例4 E公司轧钢装置的蒸汽余热发电项目经过40天的安装调试，于2014年6月30日成功投运。该项目总投资300万元，设计年发电量2×10^6kW，节约标煤700t，减少二氧化碳排放1834t，实现综合效益160万元。项目采用"合同能源管理"方式实施。

案例5 国网E供电公司。该公司的余热发电设备的装机容量为132kW，按净发电功率109kW计算，年发电可达8.7×10^5kW·h，年节约标煤280t，减少二氧化碳排放733t，每年还可为企业创造60.8万元的经济效益。

10.1.3　热水发电项目考察

企业简介：山东Y化工公司专业从事精细化工产品的生产。该公司属于民营企业，员工人数M名，年产值N亿元。

项目简介：该公司在甲醛生产工艺中，首先要进行甲醛生产反应，反应塔内温度不能超过90℃，而在甲醛生产反应过程中化学物质会不断释放热量。原工艺是将塔内90℃反应甲醛和水的混合物料（90%水，10%甲醛），用泵输送出并经板式换热器冷却到68℃回反应塔，冷却水在板式换热器与甲醛液体之间换热，把甲醛反应热用冷却水带走，通过冷却塔放空，不仅浪费热能，也造成热污染。

2013年11月，Y公司采购无锡高达公司一台350kW的ORC发电机组（运行参数见表10-1），2014年2月安装运行7个月，累计发电量166.32×10^4kW·h，平均每天发电7920kW·h（330kW·h/h），扣除发电机组用电45kW·h/h，实际净发电量285kW·h/h，按照全年满负荷运行（360d计算），机组全年净节电246×10^4kW·h。据说，当地的工业用电价格比较高，每度1元，高发电量为企业获得了较好的经济效益。

表10-1　350kW ORC发电机组运行参数表

序号	名称	单位	数值	备注
1	甲醛液体	t/h	180	
2	进口压力	MPa（绝）	0.4	
3	出口压力	MPa（绝）	0.3	
4	进口温度	℃	85～87	
5	出口温度	℃	68	
6	螺杆膨胀机额定功率	kW	400	
7	异步发电机额定功率	kW	350	
8	发电量	kW	330	
9	螺杆机额定转速	r/min	3000	
10	发电机额定转速	r/min	3000	
11	输出电压	V	400	
12	输出频率	Hz	50	
13	循环冷却水量	t/h	600	
14	自用电量	kW	45	
15	外形尺寸	mm	6000×1800×1500	

改造安装过程：将板式换热器进出甲醛液体管道做三通与ORC机组相接，发电时甲醛液体经ORC机组从90℃降到68℃回反应塔，板换备用，当发电机组需要检修或故障时，转换阀切换到板换原系统工作，不影响生产。

机组的并网控制系统由PLC、变频器和触屏等组成。控制柜整体成套后与发电设备放置在一起。控制条件等可以根据采购方的要求，进行相应调整。根据厂家介绍，发电机组在启动时，控制系统先检测电网的相位、频率等主要参数。发电机组的电能质量和电网的电能质量一致时，系统自动直接并网到低压配电系统380V自用，减少外购用电。发电机组与电网并联时，只有一个空气开关作为并网连接设备元器件。在设计时，发电机组装有电能表，可检测发电机组共发出多少电量。实际上在改造之前，每天消耗多少电是知道的，改造后消耗多少电也是测定的，因此，其差额就是发电机组的净发电量。

10.2　低温余热有机朗肯循环发电技术

10.2.1　有机朗循环发电技术简介

有机朗肯循环低温热发电技术（以下简称ORC发电技术/ORC发电系统）是利

用低沸点有机工质吸收低温流体中的低品位热能，产生的高温高压气体驱动螺杆膨胀机运转，从而带动发电机发电的技术。该系统主要包括蒸发器、膨胀机、冷凝器、工质泵、油泵、管路、控制系统和并网系统等，典型工艺流程见图10-1和图10-2。有机工质在高温侧蒸发器中吸收低温热源的热量变成高温高压的有机工质蒸汽，进入膨胀机内膨胀做功；膨胀机输出动能，通过驱动发电机转化为高品位电能；膨胀做功后的膨胀机排出的低压有机工质蒸汽在冷凝器中被冷凝成液体，然后经工质泵增压后输送至高温侧蒸发器中，从而完成一个循环。实际运行中该系统一直这样循环下去，源源不断地输出电能。该系统具有流程简单、发电效率高等特点。该技术可以最大程度地将70～200℃的低温热转化为电能，适用于石化、钢铁、水泥、玻璃、电解铝、制糖等行业的低温余热回收，在不消耗额外燃料的情况下为企业提供电能。

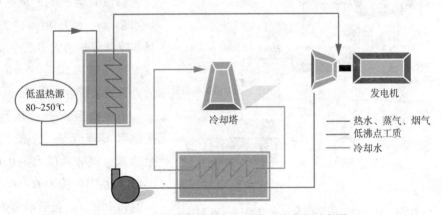

图10-1 有机朗肯循环发电系统工艺流程示意图

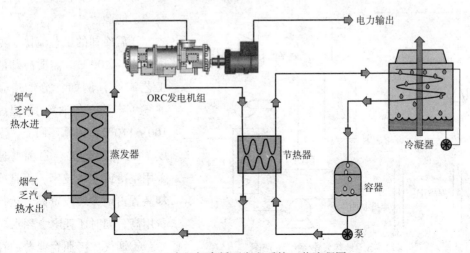

图10-2 有机朗肯循环发电系统工艺流程图

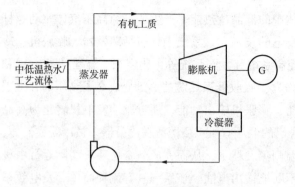

图10-3 工业低温余热发电装置示意图

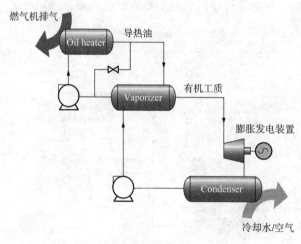

图10-4 缺水地区中高温余热发电系统示意图

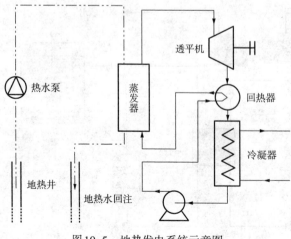

图10-5 地热发电系统示意图

10.2.2 应用领域

ORC发电技术应用领域包括工业领域的低温余热发电、缺水地区的中高温余热发电以及地热发电、生物质能发电和太阳能光热发电等领域，也有着广泛的应用前景。具体详见图10-3~图10-7。

1）工业领域

①热水。许多行业在冷却工艺物流时会产生大量热水，热水温度一般为90~120℃。目前这部分热水大多采用水冷或是空冷，冷却到70~80℃后再送回装置重复利用。

②放散蒸汽。低压饱和蒸汽和湿蒸汽是另一类低温余热源，例如：压力为0.1~0.4MPa，温度为100~140℃的饱和水蒸气。目前很多企业将这部分蒸汽直接放空，白白浪费了能源。

③需冷却的工艺流体。温度为90~200℃，需要冷却的工艺流体，例如：分馏塔顶油气（汽油、柴油等），温度100~110℃；顶循环回流，温度为120~140℃。目前普遍采用空冷或水冷技术，而且冷却装置占地大、投资高、运行费用高，同时还耗电、耗水。

④烟气。工业企业普遍存

在大量140～180℃以上的烟气，目前大部分直接排放掉，既浪费热能还污染环境。

以上工业余热采用有机朗肯循环发电技术可以取得以下节能减排效果：

热水：发电降温后的热水可以循环使用，同时减小了冷却循环水的用量，进而降低了制取冷却循环水循环工艺的能耗。

蒸汽：发电后回收蒸汽凝结水及除氧水，使得水蒸气的排放为零。

工艺流体：发电降温后，不但满足了工艺对物流冷却的要求，同时也减少10%的制取冷却循环水消耗量，进而降低了冷却循环水工艺的能耗。

2）新能源领域

①地热发电。利用浅层地表热产生的70～120℃的热水，可直接通过低温余热发电后，再进行二次热利用（城市供暖）后，直接回灌至地下。

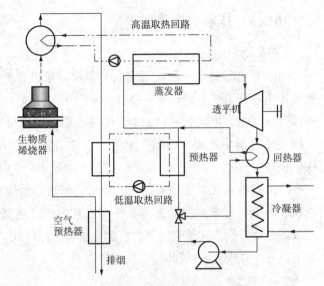

图10-6　生物质能发电系统示意图

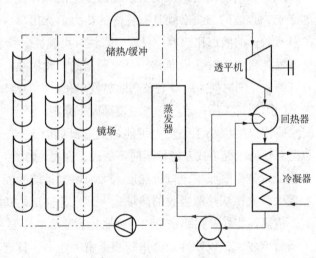

图10-7　太阳能光热发电系统示意图

②生物质能热电联供。城市的垃圾焚烧、污水厂的污泥焚烧处理、农业的秸秆等植物的燃烧后都会产生大量的热，而这部分热可以直接用于发电，通过低温余热发电后，可直接回收热能，同时，也可以直接减小对大气的污染排放。

③太阳能光热发电。太阳的能源是用之不竭、取之不尽的，在阳光直射充沛的地区，可直接采用集热式太阳能产生的热，通过低温余热发电。

10.2.3　技术实施路线

1）技术路线选择

ORC发电系统用于回收低温余热源的热量进行发电，包括余热源循环系统、有机工质循环系统、循环水（空冷器）三个子系统。液态有机工质在蒸发器中吸热蒸发成气态，推动膨胀机做功，膨胀机驱动发电机发电。压力降低的气态有机工质在冷凝器中冷凝成液态，通过工质泵升压后进入蒸发器中吸热，完成一个ORC循环。

ORC发电系统主要设备包括工质泵、回热器、蒸发器、冷凝器、膨胀机、发电机、油泵、控制系统、并网系统等，其中，冷凝器分为水冷和蒸发式冷凝器，蒸发器分为管壳式和板式换热器，膨胀机包括螺杆式、离心透平式和轴流透平式，发电机分为异步发电机和同步发电机。

2）有机工质选择

ORC系统所使用的工质对系统的安全性、环保性、经济性、高效性具有很大的影响，合适的工质必须具有良好的热力学、化学、环保、安全和经济特性，比如具有较低的液态比热容、黏度、毒性、可燃性、臭氧消耗潜能值（ODP）、全球变暖潜能值（GWP）及价格，具有较高的汽化潜热、密度、稳定性，与材料能够相互兼容，同时使系统具有较高的热效率和适中的蒸发压力。

ORC系统工质的选取一般应遵循以下原则：

凝固温度应小于循环中可能达到的最低温度，三相点温度应小于环境温度，以避免任何工况下或系统停运时不凝固；在温−熵图上，工质的饱和蒸汽线应近似垂直，以避免膨胀机出口过热度太大而增大系统的能量损失；工质液态时的比热容要大，这样从热源吸收的热量越大，系统输出的功率越大；黏度小，导热系数高，传热性能好；在膨胀机内的膨胀比和绝热焓降要大，这样可减小设备的尺寸；工质密度较大，以使容积流量较小；腐蚀性小，具有不燃烧、不爆炸和不分解的化学稳定性；臭氧层破坏潜力值（ODP）为零，气候变暖潜力值（GWP）较低；对人身健康无损害、无毒性且无刺激作用；易购买且价格较低。

一般ORC发电系统常用的有机工质包括R124、R134a，R245fa等制冷剂类有机工质和烷烃类有机工质。另外，具体项目会根据实际情况综合考虑以上因素以及余热源的温度、流量、投资和运行成本，选择合适的工质作为系统循环工质。

3）膨胀机选择

膨胀机是将来自蒸发器的高温高压气态有机工质进行降温降压，实现热能转换为机械能，并对外输出做功的动力设备。可用于低温余热发电有机朗肯循环系统的膨胀机结构型式非常多，一般情况下，可以将膨胀机分为速度式和容积式两种。

速度式膨胀机，其基本原理是利用喷嘴和叶轮将高温高压气体转化为高速流体，然后再将有机工质的热能和压力能转化为膨胀机的轴功，即所谓的透平膨胀机。这种类型的膨胀机通常适用于大流量场合，其输出功率较高，同时转速也相应较高。速度式膨胀机通常是各种膨胀透平，如多级轴流蒸汽轮机、向心透平等。

容积型膨胀机，基本原理是通过容积的改变来获得膨胀比和焓降，然后再将有机工质的热能和压力能转化为膨胀机的轴功。这种类型的膨胀机一般比较适合于小流量、小膨胀比的场合。常见的容积式膨胀机包括螺杆式、涡旋式、活塞式等。

从输出功率角度来考虑，对于速度型膨胀机，轴流涡轮式膨胀机输出功率最大，径流涡轮式膨胀机次之，适用于大型或中型ORC发电系统，其中，单级向心膨胀透平不仅输出功率大、效率高，也适用于中小型ORC发电系统。对于容积型膨胀机，螺杆式和活塞式膨胀机也可以做到较大的输出功率，适用于中小型ORC发电系统，而涡旋式、旋叶式以及摆线膨胀机，输出功率最小，适用于小型或微型ORC发电系统。

透平式膨胀机具有效率高、单机功率大、维护成本低等优点。而石化企业的低温热资源非常大（兆瓦级），因此兆瓦级透平式膨胀机有机朗肯循环发电装置符合石化系统应用需求，是技术发展的趋势。国外的有机朗肯循环发电装置几乎都采用透平式膨胀机，单机功率范围为280kW ~ 14MW。

4）换热器选择

ORC发电系统用换热器可以选择全焊接板式换热器，也可以选择常规的管壳式换热器。若冷凝端采用空冷则常选用蒸发式空冷器。

①板式换热器。板式换热器板具有换热效率高、体积小、易拆洗维护、重量轻、运输和安装成本低、保温方便、节省保温面积、容易扩容、占用空间小等优点，可以有效降低有机工质的充填量。

全焊接板式产品（见图10-8）主要由换热板组和矩形框架构成，并包含密封垫片、隔板、折流板系统、排气口与排水孔、底座和吊耳等辅件，采用全焊接工艺将板片组成板片组。板束全焊接，每一块与相邻板片上的波纹均成90°夹角，通过不同的板片波纹形式达到传热与压降的最佳匹配效果。采用激光焊接方式密封，其换热板片之间没有密封垫圈，确保了稳定汽流与有机工质的绝对隔离无泄漏，具有紧凑度高、传热系数高、技术可靠、密封性能好等特点。

全焊接板式换热器的板间结构是复杂的网状流道，这种结构能有效地促使流体产生湍流。在相同的压降约束条件下，板式换热器的传热系数是管式换热器的

图 10-8　全焊接板式换热器

3~5倍。该系列产品的最高设计压力为4.2MPa（绝），设计温度为-29~350℃，常被用于石化、天然气、制药、汽车等行业。

　　针对具体的ORC发电系统，根据实际工况及余热源类型，选择可靠的、优化的换热器设计方案，提供满足客户要求的能适应高温、高压、腐蚀介质等各种复杂严苛工况的高效换热器。中船重工第七一一所的全焊接板式换热器具有优异的换热性能、紧凑的结构、低廉的价格和可靠的质量，既耐用又易于清洗和维护。其结构设计特别注重承载能力与换热效率的平衡，每一种产品都有其独特的优点与应用范围。在低温余热ORC发电系统中有很好的应用。

　　②蒸发式空冷器。蒸发式空冷器（见图10-9）作为高效节能产品已广泛应用

图 10-9　蒸发式空冷器

于化工领域。此产品采用严格的焊接工艺，采用多种自动焊接设备，如管管对接焊、管板自动焊、深孔自动焊等，采用具有完备的故障自检和处理机制，最大程度保证设备安全以及焊缝质量。采用琴键夹具夹紧工件，防止工件因焊接受热引起的局部变形；加装保护气罩，确保焊缝精度高、焊缝美观、焊接质量100%重现性；采用整体热浸锌的防腐手段，满足除垢清洗的要求，防腐性能更好。出厂检验时要求采用安全可靠的检测手段，通过射线探伤、超声波探伤、磁粉探伤及装配后的水压实验、气密性实验来保证产品质量。

5）自动控制及并网系统

ORC发电系统所有供货仪表满足相关要求和设计规范。一般的标准设计选择防爆等级ExdIIBT4、防护等级IP65，也可以满足实际项目的特殊要求。系统仪表信号可以直接进入现场PLC控制柜或DCS（分布式控制系统），自动控制功能通过PLC或DCS来实现。

PLC/DCS控制系统可以实现机组的正常启动、正常持续运行、正常停运和自动保护等工艺连锁。当控制系统发生全局性或重大故障时（如通信故障、电源消失故障等），确保现场实现整个机组能紧急安全停机；用于保护的紧急起/停按钮和紧急跳闸按钮采用硬接线连接方式；所有干接点控制以及反馈信号至膨胀机设备的现场电控柜。

若采用PLC控制系统，系统采集到的信号点在HMI（人机界面）触摸屏上可以实现现场监视，并可通过RS485通信远传至DCS以满足远程监视、实时数据归档和历史数据查询的功能。

发电机可以就近接入变电所380V、6kV或10kV母线中。并网送电后，电能直接输入企业的电网，并网不会对电网的供电品质带来任何不良影响。膨胀机如遇突发事件，发电机能与电网自动分闸，确保电网和发电机的安全。发电机安全保护系统包括过负荷保护（高压柜）、速断保护、逆功率保护、转速保护（PLC/DCS控制）等。

10.2.4　中船重工第七一一所ORC发电技术特点介绍

中船重工第七一一所开发的低温余热发电机组可以最大程度地将90～200℃的低温余热转化为电能，在不消耗额外燃料的情况下为企业提供电能。低温余热发电机组采用有机朗肯循环发电技术原理（Organic Rankine Cycle，ORC），以低沸点的有机介质作为循环工质，利用低温余热加热工质形成工质蒸汽，推动透平膨胀机转动，带动发电机发电，最终将低温余热转化为电能。低温余热发电机组一般由蒸发器、工质泵、冷凝器、透平膨胀机发电机组组成，具有运行稳定、操作简

中国船舶重工集团公司第七一一研究所——低温余热发电机组

图10-10　七一一所低温余热有机朗肯循环发电机组（装机1600kW）

单、运行成本低、自动化程度高等特点（见图10-10）。

　　七一一所的ORC发电技术充分借鉴了国内外低温余热发电技术应用现状及发展趋势，以透平膨胀机为原动机，采用高效紧凑型换热设备，同时注重ORC发电机组内部设备的匹配和集成，形成了七一一所独有的技术优势。七一一所透平膨胀机的设计采用国际先进的设计软件，如NERC、Fluent、Ansys、Numeca、MSC Patran等，同时在叶片/叶轮造型、CFD流场仿真、强度裕度校核、振动特性分析、转子动力学分析等方面做了大量的研究工作。

　　七一一所在低温余热发电领域具有强大的试验数据库和丰富的工程应用经验。其专业的低温余热热电转换实验室（ORC）、多个叶轮机械热态试车台、综合换热试验台位、热负荷测试试验台，奠定了其强大的技术基础。同时，七一一所在国内十几个大型余热回收发电机组的工程应用业绩奠定其牢固的市场地位，在国内余热回收发电领域具有很大的影响力。

10.2.5　有机朗肯循环发电的优势

　　（1）ORC发电技术是一条切实可行的低品位热回收的途径，运用低温热发电技术回收90～200℃的低品位热能，有利于提高能源的综合利用效率。

　　（2）有机工质选择的多样性便于根据低温余热源的类型及项目现场的实际条件选择合适的有机工质，能有效控制项目的整体投资和维护成本。

　　（3）透平膨胀机具有效率高、单机功率大、滑油系统简单、维修方便等特点，特别适合应用于中大型低温余热发电项目。

　　（4）有机朗肯循环在低温余热回收方面具有明显的优越性，能将低品位热能转化成高品位电能，在不消耗额外能量的情况下输出电能。应用于部分企业的余热回收时还能节约部分空冷或水冷的能耗，具有一举两得的节能效益。

（5）ORC发电系统在节电、节约标煤、实现CO_2减排等方面都有显而易见的效果。

10.3 塔顶蒸汽余热发电技术

10.3.1 聚酯X单元工艺塔顶流程简介

在聚酯500t/d生产负荷的情况下，X单元的工艺塔（设备位号23C01，下同）塔顶酯化蒸汽温度为102℃、压力为0.102MPa（绝），塔顶蒸汽量7.5t/h。其中一小部分（10%）蒸汽（0.75t/h）预热PTA浆料从40℃上升到80℃。余下的蒸汽经过循环水冷却器（23E01）后，温度降至80℃左右，进入废水收集槽（23V01），利用高位压差，一部分回流到塔，一部分废水采出。考虑到浆料预热器（23E02）需要不定期清洗，因此，在设计时，按照最大负荷的塔顶蒸汽量开展工程设计。塔顶的蒸汽管道为$DN350$。

冷却器23E01的技术参数：

进出管道规格：$DN300$；

进出口温度：28～38℃；

进出口流量：500m³/h；

管程：循环冷却水，下进上出；

壳程：工艺蒸汽，上进下出。

10.3.2 改造思路

安装1台发电机组（23FD01），直接使用蒸汽进入发电机组，不需要通过热水转换。在塔顶蒸汽管道$DN350$引一路蒸汽，直接接入机组23FD01蒸发器加热工质（工作压力大于1MPa）作为动力，推动螺杆机转动带动发电机组运行产生电力；在循环冷却水$DN300$管道上，接循环冷却水，连接发电机组。在蒸汽管道和循环水管道上分别设计可调的气动调节阀，便于切换和控制流量（见X单元塔顶工艺流程图10-11）；机组控制箱电力输出端子接上输出电缆，与X单元高压（低配）系统的母排通过一个电气柜实现与高压（低压400V）电网的相接。当发电机组故障或需要维护时，蒸汽、冷却水转换阀将系统切换到原系统运行，不影响生产。

1）设计方案

引流量7.5t/h的102℃废蒸汽进入ORC螺杆发电机组，经过蒸发器预热器换

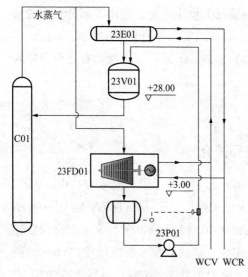

图10-11 ORC发电工艺流程图

热之后，出口为80℃的工艺废水。经ORC机组降温之后的废水使用小泵进入工厂工艺废水循环系统。发电机并入高压（低压）母排。当螺杆机需检修或紧急停机时，螺杆机快关阀立即关闭，废蒸汽进入原系统，不影响前续工艺正常生产。

现有的聚酯蒸汽位于聚酯车间的顶楼，通过33℃的冷却水进行冷却冷凝。取其中7.5t/h的蒸汽供给400kW的ORC螺杆膨胀发电机进行发电。ORC螺杆膨胀发电机的外形尺寸为9.0m×3.5m×4.5m（长×宽×高），质量约为20t。现需要对ORC螺杆膨胀发电机的安装位置进行方案对比，具体如下：

①安装位置为一楼。可以放置在内侧或者外侧；顶楼的水蒸气通过$DN300$的管道引入ORC螺杆膨胀机的蒸发器管道的入口，管道长度约50m（需要保温处理）。在蒸汽管道进入蒸发器之前，需要在蒸汽管路中增加电动截止阀。电动截止阀用于紧急停车时，关断蒸汽管路。水蒸气通过蒸发器之后，被工质吸收热量后降温冷凝，变为冷凝水，冷凝水通过管道泵被抽到冷凝液的储罐中。优点：设备安装方便，维修保养方便，设备运行操作方便，振动小，不需要对楼的承载进行核算和加固。不足：蒸汽管路较长，存在热量损失。

②安装位置为楼顶。楼顶空间较大，但由于设备重量约为20t，其对楼层的楼面及立柱的强度要求较高，现有结构很难满足要求。同时，会对设备安装调试、后期的维护保养、设备检修等造成诸多不便。

2）装机方案

选用1台ORC（有机朗肯循环）螺杆膨胀机发电机组，单台额定功率400kW，其技术参数见表10-2。

表10-2 400kWORC螺杆机发电机组技术参数表

序号	名称	单位	数值	备注
1	蒸汽流量	t/h	7.5	

续表

序号	名称	单位	数值	备注
2	进气压力	kPa	101	
3	进气温度	℃	102	
4	出水温度	℃	45～80	
5	螺杆机输出功率	kW	355～385	季节性的变化
6	发电机额定功率	kW	400	
7	净输出电量	kW/h	300～330	已扣自用电
8	螺杆膨胀机转速	r/min	3000	
9	发电机转速	r/min	3000	
10	输出电压	V	400	
11	输出频率	Hz	50	
12	冷却循环水量	t/h	550	季节性的变化
13	进水温度	℃	25～30	季节性的变化
14	出水温度	℃	32～37	小于43℃
15	机组外形尺寸	mm	6000×2500×3000（仅供参考）	

10.3.3　ORC发电机组构成组件

1）螺杆膨胀机

膨胀机采用开启式少油结构，通过联轴器与异步发电机直连，膨胀机一端的伸出轴采用可靠的轴封，以防止工质与润滑油的泄漏。膨胀机高压端侧进气，低压端侧出气。由于螺杆膨胀机是利用高压气体在相互啮合的阴阳转子间膨胀做功，因此其对阴阳转子的加工精度要求极高，虽然如此，但该机的主要机械部件仅为一对螺杆和铸钢外壳，其结构形式还是比较简单的。

螺杆膨胀机工作原理为一对相互啮合的阴阳转子在高压高温气体的膨胀作用下，阳转子拖动阴转子进行旋转。其膨胀过程为多变膨胀过程，随着多变膨胀过程的进行，其压力、温度和焓值下降，比热容和熵值增加，气体的内能转换为机械能对外做功。

螺杆膨胀机的基本结构与螺杆压缩机相同，主要由一对阴阳转子、机体、轴承、轴封等零件组成。基本结构如图10-12所示，其机体呈两圆相交的"∞"字形，两根按一定传动比反向旋转相互啮台的螺旋形结构的阴、阳转子平行地置于汽缸中；在节圆外具有凸齿的转子叫阳转子，在节圆内具有凹齿的转子叫阴转子。

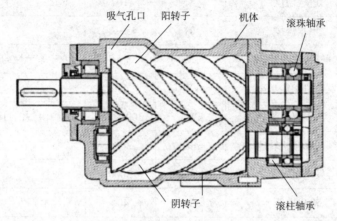

吸气孔口　阳转子　　　　机体　　　滚珠轴承

阴转子　　　　滚柱轴承

图10-12　螺杆膨胀机基本结构图

螺杆膨胀机工作过程如图10-13所示。

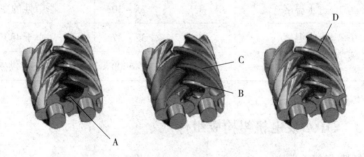

D

C

B

A

图10-13　螺杆膨胀机工作过程图

螺杆膨胀机为容积式膨胀机结构，其运转过程从吸气过程开始，然后气体在封闭的齿间容积中进行膨胀，最后移至排气过程。在膨胀机的机体两端，分别开设一定形状和大小的孔口，一个是吸气孔口，一个是排气孔口。阴、阳螺杆和汽缸之间形成的呈"V"字形的一对齿间容积随着转子的回转而变化；同时，其位置在空间也不断地移动。

吸气过程（见图10-13A）：高压气体由吸气孔口分别进入阴、阳螺杆"V"字形的齿间容积，推动阴、阳螺杆向彼此背离的方向旋转，这两个齿间容积不断扩大。于是不断进气，当这对齿间容积后面一齿一旦切断吸气孔口时，这对齿间容积的吸气过程也就结束，膨胀过程开始（见图10-13B）。

膨胀过程（见图10-13C）：在吸气过程结束后的齿间容积对里充满着高压气体，其压力高于顺转向前的一对齿间容积的气体压力。在压力差的作用下，形成一定的转矩，阴、阳螺杆转子便朝相互背离的方向转去。于是齿间容积变大，气体膨胀，螺杆转子旋转对外做功。转子继续回转，经某转角后，阴、阳螺杆齿间容积脱离，再转一个角度，当阴螺杆齿间容积的后齿从阳螺杆齿间容积中离开时，这时阴、阳齿间容积达最大值，膨胀结束，排气开始。

排气过程（见图10-13D）：当膨胀结束时，齿间容积与排气孔口接通，随着转子的回转，两个齿间容积因齿的侵入不断缩小，将膨胀后的气体往排气端推赶，尔后经排气孔口排出，此过程直到齿间容积达最小值为止。

螺杆啮合所形成的每对齿间容积里的气体进行的上述三个过程是周而复始的，所以机器便不停地旋转。

螺杆膨胀机技术特点：

①它是一种容积式的全流动力设备，能适应过热蒸汽、饱和蒸汽、气水两相流体工质；

②无级调速，转速一般设计为1500～3000 r/min，有较高的等熵膨胀效率，一般在75%以上；

③单机功率在1.5～3000kW；

④设备紧凑，占地少，工程施工量小；

⑤操作方便，运行维护简单，大修周期长；

⑥起动不需要盘车，噪声低、平稳、安全、可靠，全自动无人值守运行。

2）油泵系统

油泵系统由油泵、油罐、油粗过滤器、油精过滤器及管路等组成，其主要确保膨胀机轴承、轴封、阴阳转子等处的润滑、冷却、密封、降噪等需要。

3）工质泵

工质泵采用电力驱动的变频全封离心泵，适用于各种有机工质，转速较低、效率高、无气蚀、高可靠性。

4）高效异步发电机

采用名厂产品，效率高、质量可靠，较宽运行范围内维持高效率，也可以依据客户需要选用同步发电机。

5）联轴器

联轴器使用柔性膜片联轴器结构，传递动力平稳、安全性高、噪声低、发热少。

6）冷凝器

在有机朗肯循环的实现中，冷凝器至关重要。提高换热器的性能、减少传热温差可以有效降低冷凝温度。可以根据实际使用情况选用不同型式的冷凝器：蒸发式冷凝器、管壳式冷凝器、风冷冷凝器。如果已经有冷却水，建议采用管壳式冷凝器，可以降低投资。

7）回热器

为了更有效加强换热，设置壳管式预热器，其热效率高、传热温差小，适用于有机工质朗肯循环。

8）蒸发器

满液蒸发器的热效率高、传热温差小，适用于有机工质朗肯循环。在结构设计中充分考虑换热的强化，缩小机组体积。

减小传热温差的好处在于，尽可能利用热源的负荷，从而得到更多的功率输出，有利于提高用户废热利用的经济性。

蒸发器和预热器采用壳管换热器，有利于使用中的除垢。对于蒸汽、热水、导热油等不同换热工质，换热器需要针对具体条件优化设计。

9）室外管线

蒸汽管道：从蒸汽管道上连接至ORC螺杆膨胀发电机组蒸发器。

循环水补给管道：从系统循环水管道上连接到螺杆膨胀发电机组冷凝器。

凝结水管道：从螺杆膨胀发电机组至用户所需处。

压缩空气管道：从厂区压缩空气管道接至快速关断阀进气口。

管道铺设方式：蒸汽管道采用架空铺设，水管道采用地面铺设或架空铺设。

10.3.4 投资及效益分析

ORC有机朗肯螺杆膨胀发电机组效益分析见表10-3。

表10-3 经济效益分析表

序号	项目	单位	参数
1	项目费用	万元	400
2	年净发电量	万kW·h	318
3	年电费收入	万元	143
4	年维护费用	万元	8
5	年净收入	万元	135

序号	项目	单位	参数
6	静态投资回收期	a	3
7	节约标准煤	t/a	1113
8	减少CO_2排放	t/a	2639
9	减少SO_2排放	t/a	25.5
10	减少NO_x排放	t/a	21.9
11	减少烟尘排放	t/a	10.7

①系统运行按8640h/a（360d）。②电价按0.45元/kW·h。③节能指标依据《能源基础数据汇编》（国家计委能源所，1999.1）。

10.3.5 武冷应用案例

项目单位是一家专业从事PET研发、生产和经营的大型现代化企业，其具有两条聚酯生产线，其中一条聚酯线于2011年4月投产，第二条聚酯线于2014年9月投产。

该项目为二期的400kt/a的聚酯生产线，其具有20t/h的常压饱和水蒸气，配套了武汉新世界制冷工业有限公司的2套装机容量为900kW的ORC螺杆膨胀发电机组，发电机采用10kVA的高压发电机进行并网发电。

工艺流程图如图10-14所示，其中包括了螺杆膨胀机头、高压发电机、蒸发式水冷冷凝器系统（含冷却塔、水冷冷凝器及循环水泵）、管壳式蒸发器、气液分离器、工质泵、润滑油泵、油分离器、控制并网柜等零部件。

常压饱和水蒸气进入ORC螺杆膨胀发电机组的蒸发器中与液体有机工质换热，工艺蒸汽换热降温后冷凝成工艺水，可回收利用，降温后的工艺水回原系统回收利用。换热后的工质液体蒸发为高压气体有机工质，进入膨胀机膨胀做功，做功后的低压气体有机工质进入蒸发式冷凝器冷凝为液体工质，经过工质泵加压后进入预热器/蒸发器进行预热和蒸发，如此循环运行。冷凝器采用蒸发式水冷冷凝器形式，由开式冷却塔和水冷冷凝器组成，开式冷却塔对冷却系统的循环冷却水进行冷却，冷却后的循环水进入水冷冷凝器中，对冷凝器中的工质进行冷凝吸热，吸热后的循环水通过水泵泵入开式冷却塔中进行蒸发式换热。

项目的建设地点在4层楼顶，具体见图10-15～图10-19。

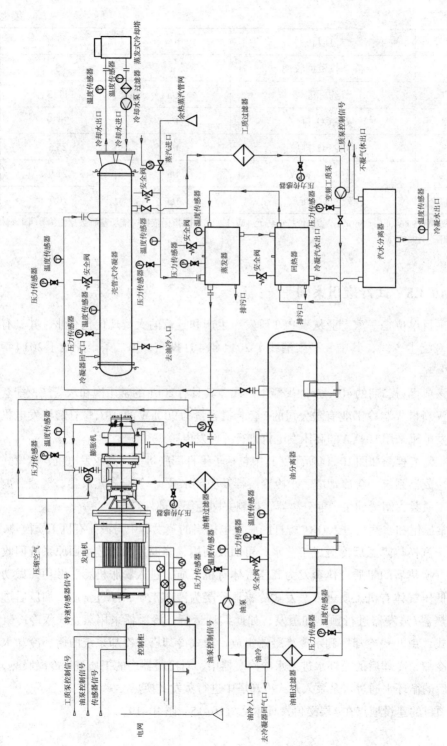

图 10-14 螺杆膨胀机余热发电工艺流程图

图 10-15 项目全览图

图 10-16 蒸发器系统

图 10-17 膨胀机主机系统

图 10-18 冷却水系统

图 10-19 控制柜系统

第11章

聚酯酯化废水汽提和尾气送烧技术

11.1 概述

以聚酯装置为例说明，装置总产量为1260t/d（最大负荷），聚合装置产生的工艺废水为9.82t/d。改造前各单元的废水直接送入厂区污水处理站，由于废水的COD值比较高，极大地增加了污水处理站的工作负担；另外装置的工艺尾气直排大气，气味难闻，对环保有一定的影响。

聚酯装置运行产生的污染物主要有工艺塔排出的废水和真空泵及工艺塔顶放空的尾气。工艺塔顶废水和放空尾气中含有一定量的乙醛，装置废水中乙醛含量也比较高（约14000mg/L）。如果直接排放，则增加废水处理系统负担，也造成现场环境污染。如果将这些乙醛收集起来用于热媒炉燃烧，不但可以节约能源，而且减少环境污染，改善现场的操作环境。因此，本项目的改造目的是把乙醛等尾气通过尾气管道送到热媒炉燃烧回收热能。

本项目主要任务有两个：一是将各单元的真空系统的尾气通过低压蒸汽喷射泵抽入汽提装置；二是将聚酯装置生产线的工艺塔顶的酯化废水通过汽提装置分离出的可燃废气（乙醛等）引入热媒炉燃烧。经汽提装置处理后的废水送污水处理装置深度化学处理合格达标排放。项目投资内容有：汽提塔一台、蒸汽喷射泵一台、配套换热器一台，废水输送泵两台以及配套电气和控制仪表系统。

11.2 技术方案

11.2.1 设计能力

新增加的汽提系统能够处理装置工艺塔顶及液环真空泵在设计负荷下运行时所产生的全部废水废气。

11.2.2 工艺技术方案的选择

1）基本情况

主要目的是处理聚酯装置的工艺尾气及工艺塔酯化废水中的有机物乙醛。酯化废水用汽提塔处理；工艺尾气处理是将聚酯装置中所有单元的全部尾气汇总到一个管道，再通过一个水蒸气喷射泵吸入汽提塔中处理。

采用尾气喷射与废水汽提技术相结合的工艺是中国纺织工业设计院采用的专有技术，此方法的优点是公用工程消耗量小、设备投资少、建设费用低，且可将装置全部废气收集起来一并进行处理，还可以避免电机的防爆问题。

2）改造内容

一是将几个聚酯单元的液环真空泵及工艺塔顶尾气汇总到一个管道，再引到水蒸气喷射泵；二是工艺塔底废水汇总到收集槽，在不同位置点进入汽提塔中汽提出乙醛尾气。

主要设备：在热媒站区域增加一套汽提系统、一台水蒸气喷射泵和废水收集槽系统。

11.3 技术特点

11.3.1 技术简介

中国纺织工业设计院在吸收现有聚酯装置的废水汽提尾气燃烧技术的基础上，结合装置特点进行优化改造形成了比较成熟的废水汽提尾气燃烧装置技术。这些装置运行都很稳定，经汽提后聚酯废水 COD 值在 5000mg/L 左右，极大地减轻了废水系统处理负担。

将装置中工艺塔底的酯化废水及工艺塔顶液环真空泵的尾气分别通过离心泵和蒸汽喷射泵引入汽提塔，经汽提塔处理后，含有乙醛的尾气送至热媒炉燃烧，经汽提后的废水送污水处理厂。

为了充分利用汽提塔底采出液的热量，同时降低采出液的温度，将采出液与进汽提塔废水进行换热，极大地节省能量。用水蒸气喷射泵，可取消尾气淋洗塔系统及淋洗废水，能极大地减少公用工程的消耗。

11.3.2 工艺流程简述

1）输送总管

输送总管分为废水输送总管和废气输送总管。所有聚酯单元的废水汇入厂区新建的废水总管后送入汽提系统。所有聚酯单元的工艺塔顶及液环真空泵废气经厂区原有的闲置总管由水蒸气喷射泵引入汽提塔。

2）水蒸气射泵

各单元的尾气汇集到一个气体总管进入设在热媒区域的汽提塔上的水蒸气喷射泵，经 0.3MPa（绝）动力蒸汽抽吸混合后进入汽提塔。某一条或两条生产线临时检修停车时，靠调节调压阀来调整蒸汽用量，以保证一定的尾气入口压力，使生产线平稳运行。

3）汽提系统

各单元废水通过总管送入汽提系统的废水贮罐（31-T01、T02、T03），3个贮罐全部为利旧设备，由废水输送泵（31-P01A/B）经换热器（31-E01）与汽提塔底高温废水热交换预热升温后，爬高送入汽提塔顶部；而经水蒸汽喷射泵（31-T01）喷射后的尾气从汽提塔中部送入汽提塔，同时在汽提塔底部通入 0.3MPa（绝对压力）的低压蒸汽进行对塔釜的废水进行加热，经蒸汽加热后的汽提尾气从塔顶直接送入热媒炉燃烧，塔釜废水通过排水泵（31–P02A/B）经换热器与进料换热冷却后，并入原有雨污切换阀后的生产污水管道，被送往装置污水处理池作进一步处理。

汽提塔是由金属鲍尔环为填料的填料塔。0.3MPa（表压）的蒸汽从塔底侧面加入，废水从塔顶侧面加入，经过充分接触后，尾气从塔顶排出。尾气排出前，在塔的最上部先通过规整填料除去水分，再通过蒸汽盘管加热以保证排出气体的温度。汽提塔顶去热媒炉的尾气管线需蒸汽伴热。

控制系统由北京航天石化技术装备工程有限公司（北京11所）设计，热媒炉有以下特性：

①30–K01/02/03有烟气氧含量自动校正功能，将尾气送至30–K01/02/03，可以通过烟气氧含量自动校正达到稳定运行的目的。

②尾气燃烧喷嘴在设计时对炉膛内火场影响有独特设计，因此将尾气送往热媒炉燃烧的方案是安全可行的。考虑到热媒炉的稳定运行，将汽提塔顶的废气分别送往三台热媒炉。

11.3.3 仪表及自动控制系统

1）设计原则

仪表及自控设计是根据"方案合理、技术先进、运行可靠、操作方便"的原则，实现对生产过程主要参数集中指示、记录、控制和报警，为工艺操作和生产管理提供必要的参考数据。在热媒站新设一套欧姆龙PLC或小型控制系统集中指示、记录、控制和报警。

2）仪表及自控系统设备

①现场仪表。选用技术先进、质量可靠的仪表，优先考虑在同类型生产装置中有成熟使用经验的产品。

现场指示温度仪表选用双金属温度计。

需要集中在中央控制室显示或控制的温度仪表，选用Pt100铂热电阻。

现场指示压力仪表选用波登管压力表、隔膜压力表。

需要集中在中央控制室显示或控制的压力，选用压力变送器。

现场指示流量仪表选用金属管转子流量计。

需要集中在中央控制室显示或控制的流量，选用电远传金属管转子流量计、涡街流量计。

现场显示的仪表选用磁翻板液位计。

需要集中在中央控制室显示或控制的液位，选用法兰式液位变送器。普通介质,选用气动薄膜调节阀。

有连锁要求的控制阀,选用带电磁阀的气动执行器。

②控制系统。为方便管理并允分发挥现有控制系统设备的最大使用率,在热媒站增加一套新的控制柜。汽提部分所有工艺参数均引至聚酯装置中央控制室内,在 PLC 上进行集中监视、控制、记录、报警和操作。

③主要检测及控制回路说明。进入汽提塔的废水管和排放污水管上均设有流量计,为生产管理提供数据。

以稳定废水收集槽的液位为主控,控制进入汽提塔的废水量。

控制汽提塔出水量以保证汽提塔釜液位的稳定。

为保证汽提和热媒炉的生产安全,汽提尾气总管上设有三通阀,可及时根据工艺条件的变化选择尾气排放或送热媒炉燃烧。

送至各热媒炉燃烧尾气管上设有开关阀,并与热媒炉运行、停止信号连锁,以确保安全生产。

蒸汽喷射泵的蒸汽管线上设有压力调节阀,根据尾气进气量,调节蒸汽的流量,确保尾气的抽吸压力。

④系统连锁说明。设置四个连锁,尾气燃烧过程中一旦出现连锁,且连锁开关设定在"允许态",将停止正在进行的尾气燃烧,关闭所有进炉开关阀、三通阀放空、氮气阀充氮 1min(充氮时间可以预先设定)。连锁出现时,将禁止启动尾气燃烧系统,直到连锁条件消失或禁止此项连锁允许;有密码权限时可以设定连锁允许和延迟时间。

输运泵停运连锁:进水泵与出水泵需各启动至少一台,否则将产生连锁停运。

三通阀位开不到位连锁:一旦三通阀开到送气态,而阀位在设定的延时时间后未开到位,将产生连锁,并锁定此瞬间不到位状态,直到在报警列表下确认后才可能解除。

尾气压力超低报或超高报连锁:压力 PT31016 需要预先设定好超低报和超高报设定值,连锁才能起作用;三通阀 XV31015 打开 AB 通且尾气压力 PT31016 低报时,不能打开进炉阀 XV310030/XV310031/XV310032。

塔釜压力超高报连锁:压力 PT31009 同样需要预先设定好超高报设定值,连锁才能起作用,关闭蒸汽阀 FV31014,停止加热。

3)启动条件

在燃烧系统启动前,需满足一定的条件才能启运,需要人工在触屏上按启动键才能逐台启动。

①热媒炉的运行信号:炉子有火焰信号且油阀开到位时将产生运行信号;如

果某台炉未运行，将无法打开对应进炉阀。

②热媒炉的具备信号。三台热媒炉都有设定具备条件画面，三个条件是：炉运行延时时间，如5min；负荷量大于一设定值，如450kg/h；氧量下限值，如2%。这三个条件设定值可以在各自的触屏画面下设定。为防止在临界值附近产生波动信号，汽提触屏系统已设有波动延时，设置适当的延时秒数可阻止波动。

③无连锁产生：某项连锁若设在关状态，即使有连锁条件产生，也无法禁止启动。

④三通阀XV31015为由放空（AC）变成送气状态（AB）时，延时120s后塔顶压力不低报。如果塔顶PT31016压力仍然低报，关闭进炉阀，打开三通阀放空。

⑤三通阀XV31015为进气状态（AB）时，塔顶尾气压力不低报。塔顶尾气压力PT31016在低报状态下，不能启动未运行的尾气燃烧系统，即不能增加烧尾气的炉子（对应进炉阀不能打开）。但运行后才低报并不产生连锁，超低报才产生联锁停运。

⑥充氮阀未开：停运导致氮气阀打开，在充氮时间内，是无法启动尾气燃烧系统的。

⑦按启动键：在上述启动条件都具备情况下，仍需人工在触屏上按下启动键。

4）停运条件

在尾气燃烧过程中，一旦出现不具备条件，将立即停止某台炉的尾气燃烧或整个尾气燃烧系统，一旦停运，不能自动恢复。而整个尾气燃烧系统终止，将导致进炉阀全部关闭，三通阀放空，氮气阀充氮。

5）逻辑关系

五只开关阀之间有一定约束关系，这种约束关系是由程序来控制保证逻辑的，绕开PLC程序对阀的施加动作并不能产生其他阀的逻辑动作。

①三通阀：具备运行条件后，三通阀在AB态延时后，至少要打开一只进炉阀，否则，三通阀都将在"放空"安全态AC。

②进炉阀：三只进炉阀在具备条件下启运时才能打开；一旦不具备条件停运将立即关闭；三只进炉阀全关时，将关闭三通阀；进炉阀由开变为全关时，将导致氮气阀充氮。

③氮气阀：进炉阀由开变为全部关时，将导致氮气阀打开，打开一定的设定时间后，氮气阀将关闭；在充氮时间内，无法启运尾气燃烧系统。

11.3.4 电气系统

在原控制室利用空的MCC（电动机控制中心）柜一台，增加新的接触器用于新增废水进、出料泵的供电及控制，新增电缆桥架及电缆，就地设置操作柱用于进、出料泵现场起动/停止。

11.3.5　设备系统

利用三台旧的不锈钢贮罐，作为废水供水罐。

11.4　项目运行考核情况

11.4.1　概述

项目于2007年9月开始安装，12月投运。2008年1月通过72h考核。经过近3个月的试运行，工艺运行稳定，过程参数控制性能较好。每天可节约重油0.8t/d，废水中乙醛平均去除率98.5%，COD去除率70%。

项目在聚酯装置热媒区域增加了尾气汽提塔系统并将废水中提出的含乙醛的尾气从塔顶的尾气管道送到热媒炉燃烧。该汽提装置于2007年12月18日一次点火成功，并稳定运行一个月后，于2008年1月28日起对新装置进行废水汽提独立运行和废水与尾气共烧两种工况各72h考核。考核结果表明，该项目可将聚酯废水中的乙醛分离出来，减少废水的COD排放量，减少乙醛向大气的排放量，而且废气送热媒炉燃烧可节约燃油消耗。

11.4.2　试车情况

项目在2007年12月完成调试，调试期间对系统进行了清洗、单机试车、升温试验，并进行了24h的热水运行。在热运行试车期间，完成了系统的安全连锁的测试，测试了超压、停炉、停输送泵、超温等条件下的连锁动作的性能。试验结果表明，该系统的设备运行稳定，安全连锁可靠，可以确保在热煤炉运行的情况下，出现异常停炉等情况时，使系统处于安全状态。

11.4.3　运行考核情况

（1）项目汽提塔系统改造后工艺运行稳定，过程参数控制性能较好。

（2）废水汽提独立运行：单台热媒炉烧尾气时，进热媒炉燃油流量减少62.45kg/h，约节约燃油1.50t/d。

（3）废水汽提和尾气共烧：由于蒸汽喷射泵耗用蒸汽量增加，蒸汽进炉负贡献，约节约燃油0.8t/d。

（4）废水中乙醛平均去除率98.5%，COD去除率70%。

（5）由于废水中的COD去除，聚酯装置的废水排放满足直排污水处理厂要求。

（6）汽提运行增加蒸汽用量，仅废水汽提单独运行时，增加蒸汽用量0.5t/h；而废水加废气共同汽提时，增加蒸汽用量0.9t/h。

（7）环境影响情况：项目没有新增对环境排放的因素，改造后减少了聚酯废水COD的排放量。在废水经汽提后废水中的COD和乙醛含量显著减少。减少乙醛排放量2.56t/d，减少排放废水的COD总量4.84t/d，同时减少重油的消耗，使聚酯装置吨产品对环境的排放COD总量减少3.84kg。

11.4.4 效益测算

1）效益核算依据及详细计算方法

考核报告数据：

汽提装置改造后可节约重油量0.8t/d；减少乙醛排放大气的量2.56t/d，减少了排放废水的COD总量4.84t/d。

COD处理费用：2000元/t；

增加蒸汽用量21.6t/d（0.9t/h）；

蒸汽价格112元/t，燃油价格3000元/t；

装置用电量（5.5kW+3.0kW）×24=204kW·h/d；

电价0.45元/kW·h，生产水价格1.12元/t；

装置运转率：98%。

2）直接经济效益

节约重油年效益=0.8t/d×3000元/t×365d×98%/10000=85.85万元/a；

装置用电费用=204kW·h/d×0.45元/kW·h×365d×98%/10000=3.28万元/a；

增加蒸汽费用=21.6t/d×112元/t×365d×98%/10000=86.53万元/a；

直接综合效益=85.85-3.28-86.53=-3.49万元。

3）间接效益

减少乙醛废气的排放量2.56t/d×365a×98%=916t/a；

减少排放废水的COD总量4.84t/d×365a×98%=1731t/a；

废水汽提，COD去除率70%，节约废水处理费：4.84t/d×2000元/t×365a×98%/10000=346万元/a。

11.5 改造结论

（1）项目汽提塔系统改造后工艺系统运行稳定，过程参数控制性能较好，运转率大于98%。

（2）废水汽提单独运行，单台热媒炉烧尾气时，热媒炉燃油流量减少62.45kg/h，约节约燃油1.50t/d，该项为热能回收正贡献；而运行废水汽提和废气汽提同时进行时，由于蒸汽喷射泵耗用蒸汽量增加，抵消了部分热能消耗，故节约燃油0.8t/d。节约的油与耗用的蒸汽相抵，直接经济效益基本没有。

（3）在废水经汽提后废水中的COD和乙醛含量显著减少。废水中乙醛平均去除率98.5%，COD去除率70%。减少乙醛排放量2.56t/d，减少了排放废水的COD总量4.84t/d，同时减少燃料的消耗，使聚酯装置吨产品对环境的排放COD总量减少3.84kg。

（4）汽提运行增加蒸汽用量，仅废水汽提时，增加蒸汽塔釜加热用量0.5t/h；而废水加废气同时汽提，蒸汽用量0.9t/h（喷射泵耗热增加用量0.4t/h）；废水排出量略有增加。实际上，由于蒸汽进入系统变成了水，因此，COD的浓度会表现为下降，从而分析数据也比较低，COD去除率比较高，达到70%。

（5）考核结果表明，项目直接效益为–3.23万元/a，间接效益为346万元/a，总效益约为343万元/a。

11.6　最佳改进技术

（1）不使用低压蒸汽作为喷射泵动力，而使用压缩空气作为动力喷射，能够满足运行需求；

（2）不使用低压蒸汽加热汽提塔釜，而使用一台风机在塔釜鼓风汽提；

以上改造完成后，不再使用蒸汽，降低成本86万元/年，而风机电耗和压缩空气的消耗仅几万元。由于没有蒸汽进入，污水流量相对于蒸汽加入工况时要偏小，因此，表现为COD的浓度会偏高，COD去除率从70%下降到60%。

第12章

聚酯酯化废水有机物回收技术

12.1　概述

聚酯酯化废水中有机物回收技术是上海聚友化工有限公司自主研发的一项节

能减排新技术。与以往聚酯酯化废水直排或焚烧处理的方式不同，此项技术实现了"变废为宝"，解决了污染和资源浪费的问题。该技术填补了国内聚酯行业对酯化废水中有机物回收的技术空白，获得了多项发明专利。

12.2 行业情况简述

12.2.1 中国作为聚酯生产大国，废水处理形势严峻

聚酯（PET）是纺织工业、工程塑料工业最主要的原料，也是轻工、家电、汽车、土木工建筑的重要原料之一。到2016年，我国聚酯产能已超过50Mt/a，占世界总产能的60%以上。聚酯工业成为继石油、煤炭、钢铁行业之后又一个产能巨大的基础材料行业。

产业发展的同时，聚酯行业的污染排放问题越来越受到广泛关注。排放的大量污水、异味严重影响了企业的健康发展和周边地区的生态环境。每生产1t聚酯纤维，因反应而直接产生的含有机物的废水就达0.2t。面对我国超过50Mt/a聚酯产能的产品，其排放工艺废水超过10Mt/a。

PET生产的酯化过程会产生大量的工业废水，废水的有机物含量较高，且COD值一般比较高。这些有机物如果排放到河湖会污染水体，排到空气中会污染大气，给人类生存的环境和身体健康造成严重危害。

12.2.2 "治理－排放"老方法，污染环境，浪费资源

面对如此大规模的废水总量，以前传统的处理方法主要有两种，但是都存在着很大的缺陷。

第一种传统方式是废水直排法：在过去粗放经济生产模式的过程中，部分企业不对聚酯废水进行有效处理，而是通过简单处理与其他废水混合后直接排放。这些废水排放到江河湖海中，污染了水体，增加了COD；排放到空气中的废气（含有乙醛），形成恶臭、异味，直接污染了大气。由于废水中的乙醛等有机物常温下极易挥发（沸点20.8℃，与水任意比例互溶，能形成爆炸性混合物，爆炸极限体积4.0%～57.0%；闪点－39℃），对人的皮肤、眼睛和呼吸器官有刺激作用，轻度中毒会引起气喘、咳嗽、头痛等症状，长期接触会引起红细胞降低及血压升高的疾病，并且对自然环境造成极大的污染。

第二种方式是大部分企业采用的汽提焚烧法：如第11章所述，对酯化废水先进行汽提，然后把尾气作为燃料送到热媒炉焚烧，汽提后的废水送往污水处理站再经生化处理后排放。这些有机物尽管可以作为部分燃料利用，但焚烧不符合

"低碳经济"的要求。

从经济层面和废物利用层面来讲，废水中的乙醛是做农药、涂料等化工工业产品的中间体，白白地被烧掉是对资源的浪费；从环保层面来讲，其燃烧生成的CO_2是造成温室效应的主要物质之一，增加了CO_2排放量。从清洁生产层面来讲，如果燃烧不充分又会增加二次污染，对环境产生次生危害。

12.2.3 转变观念，开创回收利用新技术，变废为宝

在聚酯的酯化反应阶段产生的大量含有有机物的酯化废水，其成分较复杂，目前已确定酯化废水中的有机物主要有乙醛、乙二醇、2-甲基-1，3-二氧环戊烷（2-MD）等有机物，这几种主要有机物含量通常在2.0%左右，导致酯化废水的COD值高（有时达30000mg/L以上）。而工业乙醛和乙二醇是制造合成多种有机化工产品的原料和中间体，也可应用于制革、制药的中间体及造纸，还能用作防腐剂、防毒剂、显像剂、溶剂、还原剂等领域，因此市场需求量大，价格较高。目前工业上生产乙醛主要采用乙烯氧化法和酒精氧化法，这种生产方法消耗了本来就很稀缺的石油资源和粮食资源。乙二醇生产也主要来源于石油原料和煤炭资源，是聚酯企业所需的大宗化学原料。

据此，上海聚友化工有限公司开发一种聚酯酯化废水有机物回收技术：酯化废水经蒸汽汽提后，将汽提尾气引入冷却系统冷却成液体形成尾气凝液，再将尾气凝液送入乙醛精馏塔；采用蒸汽精馏，使乙醛蒸气富集在塔顶，经过塔顶冷凝器冷凝后进入乙醛储罐，乙醛精馏塔底部精馏废水经输送泵被送到乙二醇初馏塔和精馏塔内进行乙二醇的分离。为了确保有机物回收装置安全稳定且连续运行，系统中各主要工艺参数均集中到DCS系统进行集中监测、控制和操作（见图12-1）。

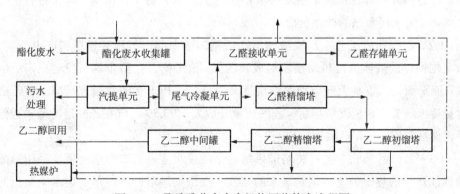

图12-1 聚酯酯化废水有机物回收技术流程图

通过对不同聚酯酯化工艺及不同生产规模装置产生的酯化废水中有机物的组成及含量进行分析和研究，剖析2–MD生成和分解的机理，将反应精馏、多效精馏技术应用于有机物的回收，开发出了聚酯酯化废水中有机物（乙醛、乙二醇）回收的成套技术和关键设备，并进行了工业化运行。通过运用该技术，回收了废水中的乙醛和乙二醇资源，降低了聚酯装置的生产成本，且废水COD去除率达到95%，进一步降低了COD。

目前，这项技术已成功地应用于聚酯酯化废水处理领域，采用聚友化工的技术理念，可使聚酯酯化废水的COD由30000mg/L以上降低到2000mg/L以下，一方面，回收了乙醛和乙二醇，避免了这些有机物对环境的污染和因燃烧有机物造成的CO_2排放量的增加，实现了清洁生产；另一方面，回收的乙醛及乙二醇可为企业带来可观的经济效益。

12.3 "三塔"工艺流程技术

12.3.1 基本原理

酯化废水中的有机物，主要有乙醛（约0.886%）、乙二醇（约0.349%）、2–甲基–1，3–二氧环戊烷（2–MD）（约0.702%）等有机物，这几种主要有机物含量通常在2.0%左右。其中2–MD不稳定，可以分解成乙醛和乙二醇（该反应为可逆反应，在一定条件下可以使得乙二醇转化成较低沸点的2–MD），因此，可用汽提的方法回收2–MD，然后再通过分解回收乙醛和乙二醇。

以"三塔"工艺流程为例，对回收技术工艺做简要说明：

（1）汽提工艺：从聚酯车间送来的酯化废水引入到汽提塔，将汽提塔顶排出的含乙醛、2–MD等有机物的汽提尾气，经冷凝后收集，输送至乙醛精馏塔回收乙醛。经过循环处理，汽提塔塔底废水COD大大降低，再送往污水处理站进行生化处理，降低了污水站的处理负荷。

（2）乙醛回收工艺：冷凝液送至乙醛精馏塔中部，蒸汽穿过填料向上流动，与上层回流的液体进行热交换，形成新的气–液平衡，在整个填料段建立多级的气–液平衡；从下到上随着填料温度逐渐降低，气相中水的含量逐渐减少，乙醛含量逐渐增多，到精馏塔顶后，乙醛质量分数大于99.5%。气相乙醛经冷却输送储罐，然后定期用槽车运输到用户。

（3）乙二醇回收工艺：将精馏塔塔底来的废水送进乙二醇蒸馏塔，采用聚酯装置加热用的热媒炉（或锅炉送来的蒸汽）提供蒸馏塔所需热量，废水中微量的有机物（轻组分）废气和水蒸气向上升腾，分离塔塔底得到质量分数为97%以上的乙二醇水溶液（可根据使用要求进行含量调节），采出直接利用到聚酯装置。塔顶含有少量有机物的废气被送往汽提塔再次汽提或送去焚烧，以充分回收有机物。

12.3.2　有机物回收技术的应用

近年来，聚酯酯化废水中回收乙醛和乙二醇技术已在国内多家大型聚酯企业（累计聚酯产能超过11Mt/a）的装置上建成了11条生产线，并投入工业化运行，有机物回收率达95%左右，回收的乙醛纯度达99.5%以上，乙二醇质量分数达97%以上，可供销售或聚酯装置作为原料使用，降低了聚酯装置的生产成本，极大地降低了废水COD排放（可降至1450mg/L以下）和后续废水处理成本。环保处理工艺已由传统意义上的烧掉或生化处理过程，转变为先回收有用的资源再烧掉或生化处理的过程。这样的模式使企业由"花钱"做环保变成"赚钱"做环保。

12.4　循环利用企业受益

在聚酯产能过剩、利润微薄的背景下，此项技术的推广成为聚酯企业利润新的增长点。截止目前，累计实现经济效益4亿多元，同时也降低了对环境和人类的危害，保护了周边生态环境，具有良好的社会效益。以大型联合聚酯20Mt/a生产线为例，采用"聚酯酯化废水中有机物回收技术"，可将聚酯酯化馏出水COD值由30000mg/L以上降低到2000mg/L以下；同时利用该技术可以提取纯度超过99.5%的工业乙醛4800t/a，据估算每年为企业增加收入2600万元；每年得到乙二醇2800t，直接回用于聚酯生产，为企业间接增加收入2000万元。

第四篇

缩聚系统节能环保技术

内容摘要： 本篇介绍了聚酯装置缩聚系统六种节能环保技术：PET熔体过滤器清洗技术、变频改造节电技术、气体介入式液位测量技术、磁力泵应用技术、聚酯装置搅拌轴激光熔覆修复技术和设备法兰防泄漏技术。

第13章
PET熔体过滤器清洗技术

13.1 概述

在聚酯生产过程中，为了去除熔体中的杂质、结块物料和其他一般性污染物，而在预缩和终缩反应器的后面设置了熔体过滤器，其目的是通过熔体过滤器的熔体达到一定的均匀度和纯净度，满足下游切片及纺丝的质量要求。过滤器过滤的物质主要有：一是缩聚时间过长，物料流动不畅，因死角从而产生黄黑色"锅垢"；二是因系统漏气，温度控制偏高，引起热氧化降解而使凝胶物增加；三是操作不慎，工艺不稳，造成物料黏度波动；四是添加剂系统如TiO_2等加入不均匀，造成沉淀与块状物增多（凝聚、凝集粒子）；五是其他异物混入系统中。

熔体过滤器滤芯一般采用非编织的304不锈钢纤维毡叠结而成，直径约为0.1mm，过滤精度从20μm到100μm，具有耐高温高压、耐腐蚀等特点。

在正常的生产过程中，随着时间的延长，滤芯上的污染物不断堆积，熔体通过过滤器的阻力会逐步上升。一般情况下，预缩过滤器更换时间短，终缩过滤器时间更长一些。更换下来的滤芯需要经过过滤器清洗单元去除附着在滤芯上的PET和TiO_2、异物杂质。目前，常用的方法有两种：TEG（三甘醇）醇解法和高温水解法。

13.2 TEG醇解法与高温水解法比较

13.2.1 TEG醇解法

在过去30多年的聚酯工业发展过程中，TEG一直被成功地应用于去除滤芯中的PET。在加热升温过程中，PET作为高分子聚合物首先被破坏晶格，进行解缠，PET大分子充分伸展而产生黏滞流；如果温度再升高，则大分子链间与链端被破坏，产生热降解。根据极性相似原则，采用高沸点醇类（TEG）在275～280℃作为溶剂进行清洗，其过程主要为物理过程。流程为：TEG洗→冷水漂洗→Akigease碱洗→热水洗→高压水洗→超声波洗→泡点试验→干燥组装。

13.2.2　高温水解法

最近十几年出现了高温水解法清洗新技术。其基本原理是滤芯上附着的聚合物在高温水蒸气作用下发生快速的水解反应，生成分子量小的化合物，然后水解氧化使得高分子化合物失去高黏度和高附着力，使其从滤芯上分离出来，达到清洗的目的。但是，水解的温度不能过高，当滤芯受热温度高于400℃时，会对滤芯造成一定的损伤。清洗过程伴随着化学反应，利用PET熔体在350℃的水蒸气环境下进行的水解反应。

$$[\text{—COOC—C}_6\text{H}_4\text{—COOC—}]_n + 2n\text{H}_2\text{O} \rightarrow n\text{HOOC—C}_6\text{H}_4\text{—COOH} + n\text{HO—CH}_2\text{—CH}_2\text{—OH}$$

流程为：高温水解洗→Akigease碱洗→热水洗→高压水洗→超声波洗→泡点试验→干燥组装。

13.2.3　分析比较

TEG醇解法优点：清洗时间短，效率高，精度高。

高温水解法优点：安全性比较好，不用热媒，废液废渣少易处理。

TEG醇解法缺点：需要热媒，TEG回收难，易着火，安全性比较差。

高温水解法缺点：精度不够，耗用蒸汽和电。

13.3　在线高温水解洗技术

13.3.1　概述

太原先导自动控制设备有限公司开发了在线高温水解洗技术。熔体过滤器在线清洗就是采用电加热器对现场的低压蒸汽进行加热，蒸汽加热300~310℃后通入熔体过滤器，物料发生水解反应后变稀并从排尽阀排除。

13.3.2　主要优点

残留熔体少，滤芯相对不在线清洗干净许多；清洗结束后滤芯便于吊出内筒；送到TEG清洗单元会节约了大量TEG；正常很难清理的过滤器进出口管道也得到彻底清洗；减少过滤器切换时熔体排废，减少产品色值波动，产品质量得到了保证；该系统使用比较方便，节省了人力，并且对操作人员无健康安全影响，对环境无不良影响。

13.3.3　主要设备设备组成

（1）固定的蒸汽加热系统；

（2）可移动的废料收集处理系统；

（3）智能化控制柜，可自动或手动控制，具有多种报警保护功能。

13.4　高温水解洗与TEG醇解法组合洗技术

近年来，环保要求日益严格，由于TEG残渣废液处理难度大，减量呼声高涨。因此，中国昆仑工程公司开发了高温水解洗与TEG醇解法组合洗新技术。

流程为：高温水解洗→Akigease碱洗→热水洗→TEG洗→冷水漂洗→高压水洗→超声波洗→泡点试验→干燥组装。

该流程结合了两种方法的优点：绝大部分的PET已经在水解法中去除，因此，可以在TEG耗量较少的情况下，得到较高的清洗精度；相对于单纯的TEG醇解法，TEG的更换时间可比曾经的1~2个月延长许多，减少了TEG的消耗量，也减少了TEG的残渣废液回收难题。

13.5　结语

两种清洗方法组合技术，其优势越来越明显，为聚酯企业环保工作提供了新的思路。

第14章

变频改造节电技术

14.1　概述

变频技术已经成为现代电力传动技术的的主要发展方向，采用变频器驱动的方案开始逐步取代风门、挡板、阀门的控制方案。聚酯装置在设计之初，由于变频器成本较高，生产装置中的大部分泵类流量控制是通过阀门调节控制完成的，其设备大多以最高转速运行，耗电量大。因此，完全可以通过变频改造实现流量控制的目的，从而节约控制阀门开度节流控制所消耗的能源，实现了节能的目的。

14.2 乙二醇真空泵变频改造项目

乙二醇液环真空泵为聚酯装置常见设备，同时也是主要耗电设备之一。按生产工艺要求，一台真空泵在固定最大转速下运行，另一台备用。在实际生产过程中，在固定最大转速下，一台真空泵的抽气能力远大于生产所要求的真空度，造成了电能一定程度的浪费，因此对聚酯单元真空泵增加变频器，达到调节其叶轮转速的目的。在满足生产工艺（真空度）要求的情况下，降低真空泵频率，减少了真空泵的耗电量，达到节能减排的作用。

实施情况：聚酯单元乙二醇液环真空泵变频控制改造后，分别对液环真空泵X、Y运行情况进行了跟踪。投运前后功率变化数据见表14-1。

表14-1 乙二醇液环真空泵变频改造前后用电量表   kW

真空泵	投运前功率	投运后功率
X	29.5	26.4
Y	75	24

经济效益分析：

（1）聚酯单元X改造前后真空泵耗电量每小时节约$3.1kW \cdot h$，一年节电$26660kW \cdot h$，可节约1.2万元。

（2）聚酯单元Y改造前后每小时节约$51kW \cdot h$，一年节电$438600kW \cdot h$，可节约19.73万元。

液环真空泵变频控制改造后，由于真空泵的功率下降，减少了耗电量，因此，每年合计节约用电$4.6 \times 10^5 kW \cdot h$，降低成本约20万元。

14.3 一次热媒屏蔽泵变频节电改造项目

聚酯装置$1^\#$、$2^\#$和$3^\#$炉热媒泵的技术参数：$1^\#$炉热媒泵两台，电机功率分别为160kW，$2^\#$炉热媒泵2台电机分别为185kW，$3^\#$炉热媒泵电机为160kW。该泵的流量是通过出口调节阀的开度来控制的，目前上述泵的出口阀开度均未全开，对其进行变频改造，通过调节频率来调节转速，以达到调节流量的要求，在保证工艺要求的前提下，可以起到良好的节能效果；同时，电机变频改造后，可以明显降低电机的振动和噪声，改善现场的工作环境。

热媒离心泵变频控制改造后，通过调速来调节热媒流量，可减少耗电量。

$1^\#$炉热媒泵每年节电：$1.732 \times （380 \times 245 - 350 \times 213） \times 0.85 \times 24h \times 365d/$

$10000 = 28.14 \times 10^4 \, kW \cdot h$；

　　$2^{\#}$炉热媒泵每年节电：$1.732 \times$（$380 \times 240 - 304 \times 179$）$\times 0.85 \times 24h \times 365d /$ $10000 = 47.44 \times 10^4 \, kW \cdot h$；

　　$3^{\#}$炉热媒泵每年节电：$1.732 \times$（$380 \times 190 - 323 \times 134$）$\times 0.85 \times 24h \times 365d /$ $10000 = 37.3 \times 10^4 \, kW \cdot h$；

　　每年合计节约电费：（28.14+47.44+37.3）$\times 0.45$元 = 39.51万元。

　　设备投入运行后，一年左右即可收回投资费用。

第15章
气体介入式液位测量技术

15.1　概述

　　在过去的聚酯装置生产过程中，有2个测量点最"烦心"，一个是PTA浆料密度测量，用的是放射性铯137；另一个是缩聚系统圆盘反应器液位测量，用的是放射性钴60。对于铯137，后来由于有了先进的浆料质量密度计，因此，很快就取消淘汰拆除。而对于钴60装置一直使用，平时运行时对环境存在隐患，检修时比较麻烦。为此，上海孚凌公司专业人士开展了研究和探讨，分析原因，提出了解决方案，成功开发了气体介入式液位测量技术，并应用于企业，大获成功。论文《气体介入式液位计在聚酯生产中的应用》介绍了气体介入式液位计在聚酯生产厂家反应釜上的应用，讨论了应用中的经验。由于气体介入式液位计采用测量仪表不与被测介质接触的方式成功的解决了各类难题，因此，在聚酯生产中具有极高的推广价值。

15.2　聚酯生产中典型液位计的缺点

15.2.1　浮筒液位计

　　浮筒液位计选用高精度的应力传感器，通过杠杆的原理，直接把内筒在液体中所受浮力使用HART通讯协议传递给传感器，使传感器获得与浮力大小一致的测量信号，该信号再经过专用的电路转换成4~20mA标准信号输出。在实际使用过程中发现，浮子上容易结焦（负压情况尤为明显），将聚合物依附在浮子上，造成液位测量值发生偏移，测量结果不准确。

15.2.2　法兰式液位计

法兰式液位计通过安装在容器上的远传装置来检测压力，该压力经毛细管内的灌充硅油（或其他的液体）传递至变送器，将压力或差压转换为4～20mA信号输出。但是法兰式液位计在负压下工作，一些制造上的微小瑕疵会被放大。例如法兰和毛细管中填充液中的气泡，在负压下会膨大，一些杂质如水分气化形成气泡，导致测量出现误差。

15.2.3　放射性液位计

放射性液位计是基于"射线吸收原理"。放射性同位素Co60或Cs137衰变时可产生γ射线，γ射线穿透物质时，因光电效应、康普顿效应和电子对的生成，γ射线将被物质的原子散射和吸收，造成γ射线衰减，而通过检测射线的衰减程度测量液位，目前聚酯反应器内的黏性聚合物的液面测量一般都是采用此类方法。

放射性液位计由于放射源具有一定的辐射程度，工厂在安装放射性液位计的设备周围均会用警戒线提醒员工有辐射危险，但是在日常操作及检修时不免会受到一些辐射，危害人体健康。

由于以上几种液位计用于聚酯的缺点，需要不断改进，寻找一种经济、准确、安全的液位计用于聚酯反应器的液位测量，一种气体介入式液位计（图15-1）的

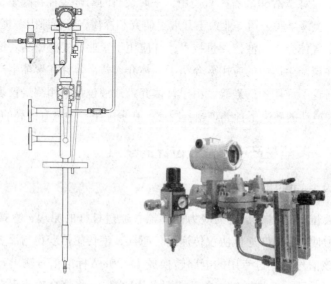

图15-1　气体介入式液位计外型图

应用进入人们视线，逐渐被应用到现场。

15.3　气体介入式液位计的原理及特点

15.3.1　简介

吹气装置是非直接接触式液位仪表，其输出压力能够自动跟随吹气管出口压力的变化而变化，并保持输出气体流量稳定。吹气装置与气源、差压变送器等组成吹气测量系统，可对开口或闭口容器内的液体液位、密度、分界面等变量进行测量，并可与其他单元组合仪表或工业控制计算机组成检测、记录、控制等工业自动化系统，并特别适用于高温（800℃）、高真空（绝压0.06kPa）、高黏度聚合物料（≥2000Pa·s）及核工业自动化各类放射性料液多种变量等各种特殊工况的介质测量。

15.3.2　气体介入式液位计的原理

气体介入式液位测量的原理：在敞口或密闭容器中插入传感器，作为气源的空气、惰性气体或其他任何气体（允许进入物料）经过滤器过滤，可调减压器（其作用是将供气压力减至某一恒定值，恒定压力的大小根据被测液位高度而定）减压，保证吹气入口压力恒定。洁净的气体介质再经浮子流量计、恒流阀和吹气管路吹入被测液体中，吹气流量由浮子流量计指示，流量大小由浮子流量计上的流量调节阀设定，恒定流量的气体从插入液体的吹气管下端口逸出，通过液体排入大气或被回收设备带走。当吹气管下端有微量气泡（约为15～150个/min）排出时（因气泡微量且气体流速较低，可忽略空气在吹气管中的沿程损失，这样吹气管内的气压几乎与液位静压相等），差压变送器测量出压力值经过换算后即为对应的液位值，并根据用户需要转换为4～20mA Hart、Profibus–PA、FF或MODBUS等输出信号。

吹气法测量基本工作原理如图15-2、图15-3所示，洁净的压缩空气经过限流装置（如稳压阀、恒流装置）后，微量均匀地送入吹气管。当吹气管内空气压力高于吹气管下端到液面的液柱静压时，便由吹气管下端鼓泡而出。这样在变送器4上指示出来的吹气管内的压力即等于液柱的静压力，该静压力 P 和液位 h 有如下关系：

$$h = \frac{P}{\rho \times g}$$

式中　ρ——液体密度；

　　　g——为当地重力加速度。

对于如图15-3所示容器，用吹气法测量液体液位与密度，原理如下：

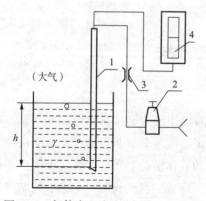 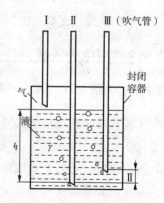

图15-2 气体介入式液位测量基本原理

1—吹气管；2—稳压阀；3—恒流装置；
4—差压/压力变送器

图15-3 密闭容器内液位测量

对于Ⅰ、Ⅱ吹气管：$\Delta P_{12}= \rho \times g \times h$ （1）

对于Ⅱ、Ⅲ吹气管：$\Delta P_{23}= \rho \times g \times H$ （2）

式中　　ρ——被测液体密度；

　　　　g——重力加速度；

　　　　h——被测液位；

　　　　ΔP_{12}——Ⅰ、Ⅱ两吹气管内压力差；

　　　　ΔP_{23}——Ⅱ、Ⅲ两吹气管内压力差；

　　　　ΔH——Ⅱ、Ⅲ两吹气管插入深度相差距离。

由（1）式得：

$$h = \frac{\Delta P_{12}}{\rho \times g}$$

气体介入式变送器正是基于上述吹气法测量原理，将各个限流装置小型化、集成化，变成一个整体单元，从而方便安装、使用、维护。

15.3.3　气体介入式液位测量系统相对于其它液位计优势

1）气体介入式液位测量系统与放射性液位计

对于测量某些高温、高压、高黏度、易结晶的介质液位，常规方法不易实现，一般会采用放射性液位计测量其液位数值，但是也可能会带来环境污染、健康危害等问题。

放射性液位计利用同位素技术，通过核辐射监测进行工业测量。其安装使用需到相关部门报备审核。如果操作不当，其核辐射源会产生辐射泄露，如出现辐射剂量超标的情况，会危及四周环境及工作人员身体健康，期间的任何操作需请专业人员进行，所以放射性液位计的安全防护问题不容小觑。此外，辐射源产生的射线具有衰退期，超出一定年限后，造成测量数据不准确，聘请专业人员维修更换，增加成本。

对于以上问题，气体介入式液位测量系统可完美的替代放射性液位计的五难应用"申报难、审批难、维护难、更换难、处理难"，实现：

①安全可靠，维护方便，可在线操作维护；

②性价比高，维护成本低；

③环保无辐射，不会造成人员伤害；

④无相关复杂手续，可自行拆卸；

⑤无衰退期，永久使用；

⑥且测量数据基本稳合，可放心使用，见对比图15-4。

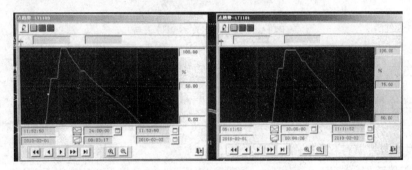

图15-4　吹气液位计与射线液位计测量效果对比图

2）气体介入式液位测量系统与电浮筒液位计

利用电浮筒液位计测量介质液位时，随着时间的积累，扭力杆易挂料结焦，产生零点漂移，造成测量数据不准确。气体介入式液位测量系统采用全抛光技术，配有锥状梅花形出气口传感器（图15-5）。可另配夹套伴热系统及防堵针设计（图15-6），由于采取了多重有效措施，可以有效地防止挂料结晶问题。

图15-5　梅花形出气口

图15-6　防堵针

3）气体介入式液位测量系统与高温双法兰液位变送器

高温双法兰液位变送器不适用同时在高温高真空的工况下工作，其远传冲灌油中残留气体会膨胀，导致膜片鼓起损坏，漏油无法检测现象。气体介入式液位测量系统尤其适用于高温高真空等特殊工况下，高温可达800℃，同时可至绝对真空的工况条件，保证数值的准确性，见图15-7。

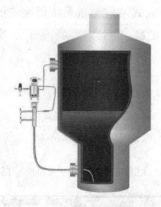

图15-7　高温高真空测量示意

15.3.4　气体介入式液位计的特点

1）全焊接一体化

与反应器相连部分仅有过程法兰、正负压测真空阀；易于在线维护，有真空旋塞阀及密封填料双重保障。

2）传感器

采用全抛光技术，喇叭口、梅花形出气头传感器；特殊的防堵捅针设计，保证非正常工况时气路的畅通；单向止逆可憋压，防止物料倒灌结料；完善的反吹系统可应对各种复杂的工况；抗扰挡板避免物料翻滚对气源影响；特殊三角支撑可耐各种搅拌和高黏度介质。

3）变送装置

恒压恒流保证测量的可靠性与精度；同时测量高温高真空等特殊工况，高温800℃、真空绝压67Pa；现场维护方便，无需任何工具可任意设定仪表参数；多种通讯协议HART/PA/FF，符合SIL2/SIK3安全认证；多用途，可测液位、密度、界面等。

15.4　气体介入式液位计国内外研究应用有关情况

吹气装置是一种经典的测量液位的方法，有关这方面的介绍文章不太多。

P.L.Mariam介绍了在恶劣环境或腐蚀性介质中液位测量的几种方法，吹气装置是其中一种。由于仪表不与容器中的介质接触，故只要吹气管耐腐蚀即可。在停机或停气时要注意避免介质引入传感器。同时可以在供气管路上安装截止阀以防倒流。

R.C.Fleming认为吹气装置是液位测量中最便宜却是最可靠的方法，但当液体密度变化时，需要两根吹气管及两只压力表才能较准确地测量液位高度及长短两根吹气管之间那部份液体的密度。

H.RalphM的专利是用吹气装置测量真空罐（罐顶部气压低于大气压）内液体的液位，只要介质是气泡能通过的场合，即使内有悬浮物如冰块，均可适用。

15.5　H&B2000L气体介入式液位计的结构形式及基本性能指标

15.5.1　H&B2000L气体介入式液位计的结构形式

气体介入式液位计主要由差压变送器、减压阀、小流量控制器、浮子流量计以及内藏孔板稳流基座系统、伴热夹套系统构成。

目前，聚酯装置一般选用的是上海孚凌自动化控制系统有限公司生产型号为H&B2000L气体介入式液位测量系统装置。该测量装置是非直接接触式液位仪表，其输出压力能够自动跟随吹气管出口压力的变化而变化，并保持输出气体流量稳定。气体介入式探头与气源、差压变送器、气体稳流控制单元等组成吹气测量系统，可对敞口的水、污水池口或闭口容器内液体液位、密度、分界面等变量进行测量，并可与其他单元组合仪表或工业控制计算机组成检测、记录、控制等工业自动化系统，对于高温（800℃）、高真空（绝压67Pa）、高黏度（≤900Pa·s）、强腐蚀性、易凝固、易结晶或含有悬浮颗粒聚合物高温熔体及核工业各类放射性料液等各种恶劣的测量条件下尤为适用，可测介质液位、密度、界面等多种变量。

15.5.2　H&B2000L气体介入式液位计的基本性能指标

精确度：可达 ±0.075%；

测量范围：0~600kPa（可任意设定）；

可选的通讯协议：HART、PROFIBUS PA、FOUNDATION Fieldbus、Modbus；

响应时间：0.4s；

吹气管长：0~50m；

过程连接：焊接式、螺纹式、法兰式（DIN、ANSI、JIS）。

15.6　安装投运注意事项及参数设置

15.6.1　安装投运注意事项

气体介入式变送器安装时，气体介入式变送器的观察窗在目测时应能保持与地面垂直，以保证气体介入式变送器内部的浮子流量计与地面垂直，即浮子流量计的玻璃管不允许有明显的倾斜。

气源接口用于气体介入式变送器与气源的连接，气体介入式变送器出厂时一般附带提供气源接头，气源接头与气体介入式变送器接头采用"O"形圈密封，NPT1/2阳螺纹连接（如图15-8所示）。气源引压管接头与气源接头（不锈钢1Cr18Ni9Ti）在现场用氩弧焊连接。

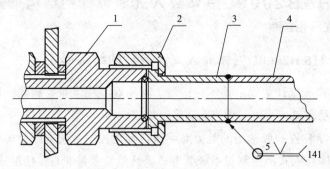

图15-8　气源接口安装示意图

1—气体介入式变送器气源接口；2—螺母；3—气源接头；4—气源引压管

焊接吹气管或气源管和导压管时，保证无泄漏；伴热系统上下法兰（常规为直径15mm、压力25MPa）遵循下进上出。气体介入式变送器安装完毕后，应进行整套系统现场检漏，以确保各接口的密封性。

带伴热系统吹气液位计安装完毕后，需用热媒或蒸汽保压运行24h，以确保整套伴热系统在高温状态下不存在泄漏状态。

15.6.2　使用时各参数的设置

气源压力≥0.3MPa；

减压阀输出压力：0.2MPa；

吹气流量：120L/h（推荐流量，也可根据工况需要调至合适的吹气流量）；

工作环境：温度-40~85℃；

湿度：0~95%。

15.7　H&B2000L气体介入式液位计运行情况

15.7.1　聚酯装置H&B2000L气体介入式液位计运行效果

某聚酯建设时根据各方调研和技术评估，首次使用了气体介入式液位计作为第一、第二酯化反应器及第一预缩聚反应器的液位计，这也是气体介入式液位计首次在聚酯生产线上的应用。

项目于2012年10月开车至今，其中第二酯化反应釜及第一预缩聚反应釜的液位计运行趋势比较稳定，控制精确。

15.7.2 存在问题及解决方案

气体介入式变送器外部各接口中"O"形密封圈的损坏会影响系统的气密性，因此每次拆卸外部接口后，最好更换"O"形密封圈。在使用过程中，万一发现传感器出现堵塞现象，先进行伴热加热，再对所吹扫气体加压加大流量。

聚酯装置第一酯化反应釜的液位计开车运行一段时间比较稳定，但在运行一年后出现液位偏低且逐渐下降的现象。

检查现场气源及浮子流量计均正常，分析出现的现象，液位偏低说明差压变小，原因可能为正压侧吹气管泄漏或者负压侧吹气管堵塞，造成差压降低。检查正压侧吹气管发现无泄漏；液位计正压侧为外径$\phi 32$的吹气管，负压侧为外径$\phi 9.53$的吹气管，负压侧的吹气管管径较小，第一酯化反应生成的低聚物较多，且反应釜内为微正压，可能存在低聚物粘附在$\phi 9.53$吹气管内壁上，负压侧吹气管堵塞的可能性较大，将负压侧吹气管截止阀后方拆除，利用反应釜内的正压吹通引压管，吹扫过后液位计恢复正常，说明液位波动的原因为液位计负压侧的吹气管略微堵塞。

15.7.3 H&B2000L气体介入式液位计在终缩釜上的应用

以前的聚酯终缩釜上使用的液位计为放射性液位计，放射性液位计一般由核辐射源、检测器、信号处理单元三大部分组成，其原理是利用物位的高低对放射性同位素的射线吸收程度不同来测量物位高低的，此类仪表成本高，使用维护不方便，射线对人体危害性大，放射性同位素存在一个半衰期，需定期更换放射源。

图15-9 某化纤企业终缩聚反应釜吹气式液位计照片组

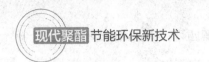

气体介入式液位计已经在多个终缩聚反应釜上使用。图15-9为某化纤终缩聚反应釜上的吹气式液位计。

15.8 未来展望

气体介入式液位计采用测量仪表不与被测介质接触的方式，用常规技术解决了高黏性高温聚酯熔体的液位测量，在聚酯生产装置上试用成功，是代替放射性液位计目前最好的方法和技术，具有极高的推广价值。在国家高度倡导节能环保的前提下，气体介入式液位测量系统符合标准，可以完美的应用于聚酯化纤行业各反应釜的测量，不断的技术改进攻克各个自动化测量难关，以适应聚酯节能环保新技术的发展。

今后，如有新建聚酯生产线，推荐考虑在终缩聚反应釜上使用吹气式液位计替代放射性液位计，从而降低投入及维修费用，并可以为员工提供一个更加安全健康的工作环境。

同样，现有老生产线上的终缩聚反应釜也可以考虑改造，在反应釜的侧面开口安装吹气式液位计。但反应釜为压力容器，根据《固定式压力容器安全技术监察规程》TSG R0004—2009，压力容器改造需经过原设计单位或者具备相应资格的设计单位同意，且施工过程必须经过具有相应资格的特种设备检验检测机构进行监督检验方可进行压力容器改造。

第16章

磁力泵运用技术

16.1 概述

在聚酯生产过程中，对工艺流程乙二醇泵要求很高，在过去的设计中使用的离心泵一般采用动态密封。由于生产过程中机封容易泄漏，造成乙二醇跑冒滴漏，污染环境，特别是在易燃易爆和有毒气体的生产环境中，给生产带来安全隐患。随着国内生产技术的提高，磁力泵运用范围也迅速扩大，在石油化工生产中已经得到了大力推广应用。

磁力联轴器传动泵（简称磁力驱动泵、磁力泵）最早是在1947年由英国HMD

公司的Geoffrey Howard（杰弗里·霍华德）研制成功的，几年后西德的Franz Klaus（弗朗兹·克劳斯）也相继开发成功。最先使用磁力驱动泵的两家公司是英国的帝国化学工业公司和德国的拜尔化学公司。开发磁力泵的最初目的是保护从事化工、核动力、国防等工业现场人员的安全和健康。

磁力传动泵主要用于石油、化工、医药、核工业、军工等领域的液体输送流程设备，如炼油厂、乙烯厂、天然气加工厂、各类化工厂、制药厂、核燃料厂、核电厂等。安徽天富泵阀有限公司长期致力于磁力泵新产品开发，现开发的CQB系列磁力泵结构简单。由于泵轴、内磁转子被泵体、隔离套完全封闭，将动密封转化为静密封，从而彻底解决了"跑、冒、滴、漏"问题，消除了炼油、化工、化纤聚酯行业易燃、易爆、有毒、有害介质通过泵密封泄漏的安全隐患，有力地保证了职工的身心健康和安全生产。

16.2　磁力泵结构

磁力泵由泵、磁力传动器、电动机三部分组成：关键部件磁力传动器由外磁缸、内磁缸及不导磁的隔离套组成。当电动机带动外磁转子旋转时，磁场能穿透空气隙和非磁性物质，带动与叶轮相连的内磁转子做同步旋转，实现动力的无接触传递，从而抽送液体，见图16-1。

20世纪70年代中期以后，由于稀土钴（1978年）、最强有力的钕铁硼（1983年）等新一代永磁铁和碳化硅轴承技术的开发，磁力驱动泵的技术水平有了极大的提高。据国外样本和文献资料显示，磁力驱动泵的流量现在可达1150m³/h，扬程达500m，介质温度范围-120～450℃，黏度极限100～200mPa·s，介质中磨蚀性固体颗粒含量可达1.5%，固体颗粒粒度可达100μm。采取特殊措施后，泵能输送含20%不溶性固体物的渣浆，固体物直径可达20mm，系统压力可达45MPa。

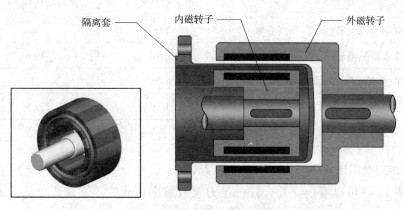

图16-1　磁力传动装置示意图

16.3 经济效益分析

1）一次性设备投资比较

从表16-1可以看出，磁力传动泵相对于传统的带双端面机械密封的标准离心泵投资低20%左右。

表16-1　三种泵型的平均投资比较表

泵类型	泵功率		
	≤ 15kW	15 ~ 55kW	≥ 55kW
带双端面机械密封的标准离心泵	1.00	1.00	1.00
磁力传动泵	0.80	0.80	0.80
屏蔽泵	0.75	0.90	1.25

2）运行费用比较

按照中国石油和化学工业协会泵类产品检测中心统计数据，磁力传动泵与标准离心泵或屏蔽泵在水力模型相同的条件下，磁力泵效率比标准离心泵低3% ~ 5%，但比屏蔽泵效率高出6% ~ 8%，表明通常磁力泵的耗电量比标准离心泵偏高一点，比屏蔽泵偏低一点。

从表16-2可以看出，四种泵型的运行费用差别基本上不大。但是实际上，整个石油化工装置是需要很多泵用来输送易燃易爆、有毒、腐蚀性和贵重的液体，从环保和安全的角度考虑，选用磁力传动泵是比较理想的。

表16-2　四种泵型的运行费用比较

泵类型	电力消耗系数	耗电力费用/万元
带双端面机械密封的标准离心泵	1.00	20
非金属隔离套的磁力传动泵	0.98	19.6
带金属隔离套的磁力传动泵	1.05	21
屏蔽泵	1.14	22.8

注：按一台50kW功率的泵一年运行8000h，每度电费为0.5元人民币计算。

3）维护费用比较

从表16-3可以看出，综合评价磁力泵故障率比较低，维修费用低、方便、快捷。

表16-3 三种泵型的正常维修费用比较表

泵类型	正常单次维修费用因子	维修频率（一定周期内）
带双端面机械密封的标准离心泵	1.00	20.7
磁力传动泵	1.35	8.5
屏蔽泵	1.35	12.2

16.4 社会效益分析

国家标准规定轴封式泵的泄漏量为（$8.33 \sim 22$）$\times 10^{-10}$ m³/s（$3 \sim 8$cm³/h），一个大型化工厂、化纤厂有几百至上千台各种类型的泵在运转，即使轴封不发生故障，但向大气泄漏的有害物质总量也是比较严重的。现代社会人们对环保问题日益重视，国家也提出并实施可持续发展战略和绿色GDP指标，对各类企业的污染物超标排放控制越来越严格，整治力度也明显加大。因此使用具有零泄漏的磁力泵取代普通机械密封泵是必然趋势，对于我国政府提出的可持续发展战略的实施和营造"蓝天碧水"的优良生产生活环境具有十分重要的意义。

16.5 结语

磁力传动泵主要为解决有害物质的泄漏问题，可改善生态环境，减少污染，保护现场工作人员的身心健康，对于输送易燃、易爆介质的场所，还可以防止物料泄漏后导致爆炸事故的发生。因此，大量推广应用磁力传动泵具有较好的经济效益和社会效益。

第17章

聚酯装置搅拌轴激光熔覆修复技术

17.1 概述

激光熔覆是指以不同的添料方式在被熔覆基体表面上放置被选择的涂层材料，经激光辐照使之和基体表面薄层同时熔化，并快速凝固后形成稀释度极低、与基体成冶金结合的表面涂层，显著改善基层表面的耐磨、耐蚀、耐热、抗氧化及电气特性的工艺方法，从而达到表面改性或修复的目的。激光熔覆技术是一种经济效益很高的新技术，它可以在廉价金属基材上制备出高性能的合金表面而不影响基体的性质，降低成本，节约贵重稀有金属材料，因此，世界上各工业先进国家对激光熔覆技术的研究及应用都非常重视。它由20世纪60年代提出，并于1976年诞生了第一项论述高能激光熔覆的专利。80年代，激光熔覆技术得到了迅速的发展。结合CAD技术兴起的快速原型加工技术，激光熔覆技术又添了新的活力，已成为国内外激光表面改性研究的热点，广泛应用于机械制造与维修、汽车制造、纺织机械、航海与航天和石油化工等领域。斯普瑞科技有限公司在核电、燃机、模具、油服、农机、石化和航空航天等领域业绩累累，现已成为国内激光熔覆和激光淬火领域的领航者之一。

17.2　激光金属沉积（Laser Metal Deposition）原理

高能量密度激光照射在被加工工件表面时，在工件表面形成一个微区熔池，合金粉末在惰性气体载气带动下，被送入熔池区域并熔化，随之快速凝固，在激光扫描路径的后方形成和被加工工件母材完全冶金结合的熔覆层，如图17-1所示。

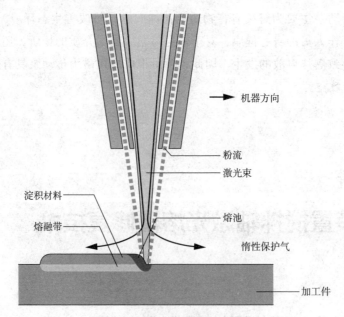

机器方向

粉流

激光束

淀积材料

熔融带

熔池

惰性保护气

加工件

图17-1　激光熔覆原理示意图

17.3　激光熔覆修复技术特点

（1）激光熔覆层与基体完全冶金结合；

（2）激光熔覆热影响区小，母材稀释率低（一般＜5%），母材变形小，不会损害母材原始热处理性能；

（3）熔覆层最高可达10^6 ℃/s的冷却速度，凝固组织细化，熔覆层组织致密，晶粒细小；

（4）由于激光能量集中，作用时间短、熔覆层稀释率低、基材的熔化量比较小，可在熔覆层比较薄的情况下，获得所要求的成分和性能，从而节约昂贵的合金覆层材料；

（5）激光熔覆技术可控性好，实现自动化控制，熔覆层质量稳定；

（6）激光熔覆技术解决了手工电弧焊、等离子焊、氩弧焊等传统堆焊修理方法无法解决的热影响、工艺过程热应力、热变形和晶粒粗大等问题；

（7）轴颈激光修复选用熔覆区域不间断连续圆周性工作，不仅大量减少熔覆层的层间搭接，而且能最大程度地保证热量输出对轴颈产生热量的均匀性，提高产品使用的寿命与稳定性；

（8）激光设备方面采用国外进口先进固态激光器、激光头、送粉器以及工业摄像机进行实时工作监控，能确保长时间工作以及安全需求。

17.4　聚酯装置搅拌轴现场激光熔覆案例

聚酯预缩聚釜和终缩聚釜的搅拌主轴与轴套配合面有缺陷，多处划伤和凹陷，磨损间隙为0.5～1.5mm。主要原因是搅拌主轴与轴套存在微动磨损，长期运行会加剧。其结果会导致漏气等问题，最终影响产品质量指标。

轴颈材质：3Cr17Mo。

修复处轴颈直径：$\phi257.8×114mm$（第一段修复部位长度）和$\phi257.8×180mm$（第二段修复部位长度）。

17.4.1　施工前准备

（1）根据前期双方沟通了解的修复轴颈材质（3Cr17Mo）和工况条件选择专用的激光熔覆粉末，其熔覆粉末性能满足轴件运行工况条件。

（2）根据双方沟通了解或实地测绘所得的相关技术数据：如轴件总重量、总长及机械尺寸（包括现场空间尺寸、修复轴颈直径、宽度、地面中心高度、装夹部位尺寸）等调整，准备轴件现场修复激光熔覆及机械加工的设备、旋转工装及附件（平台规格、动力头规格型号、装夹卡盘、支撑垫箱选配或制作、激光器系统、激光熔覆头型号、机加工刀台架、机加工旋转设备等）。

（3）根据现场设备与修复工作准备所用工器具、测量工具及相关物资。

（4）做好现场人员准备工作。

（5）确定修复日期后，拆卸激光设备，将相关设备、工器具、物资装车发运修复现场。

17.4.2　现场设备安装和调试

（1）设备运抵现场后，根据现场实际空间位置进行合理空间布局原则放置设备。

（2）对设备进行逐一调试，使设备均处于良好的工作状态。

①平台、旋转动力头固定安装，中心高匹配连接轴件，带动轴件旋转调试运行（运用轴件原旋转轴承及固定的支撑座），检测观察稳定性及旋转精度；

②激光器、机器人、加工设备安装和调整；

③激光器等系统设备动力电源的安装；

④激光器的调试；

⑤机器人调试。

（3）现场作业的具体要求：①激光熔覆用粉末现场进行烘干处理；②作业前保证高纯氩气能够满足生产需要；③作业过程中不定期对保护镜片进行检测，发现损坏及时更换；④熔覆过程中每4h对设备进行巡检，发现问题及时调整和维护，工作过程中还要不定期进行检查；⑤精准平台和伺服电机动力系统能够确保修复轴颈熔覆过程中的匀速转动，保证熔覆质量；⑥在整个激光熔覆的过程中，熔池实现数字化CCD监控，全程监控确保熔覆质量。

（4）按照已确定的轴颈激光熔覆工艺参数，现场熔覆试块制作（因设备经过拆机、运输、重新安装，通过试块制作质量的观察检验，确保机器人、激光器等设备运行状况良好稳定）。现场安装图见图17-2。

17.4.3　现场测量及探伤

对确认后的损伤部位的尺寸进行无损检测（着色探伤）。

图17-2　现场安装图

（1）选用千分尺对该轴颈段进行尺寸检测。检测时尺寸径向与轴向多点检测，能客观反映出原始轴段的椭圆度和锥度。

（2）选用着色探伤对该轴颈段（轴颈先清理）进行无损检测，检测结果作为原始记录，拍照并存档。

（3）无损探伤检测表面是否存在微裂纹。

（4）检测表面硬度。

（5）初步检测确认进行激光熔覆各部位的形位公差。

（6）定量确认最终加工内容和尺寸。

17.4.4　损伤部位疲劳层清理

（1）利用随形机加成套设备对损伤部位（见图17-3）进行机械清理。遵循最小去除量原则以及结合激光熔覆工艺尺寸，最大程度不损伤完好的基材部位。

（2）对于车削损伤部位，要注意损伤部位两端与未损轴颈交接处，需要斜角（约60°）过渡，底部槽与斜面要形成R角（大于5°）过渡，以便激光熔覆和消除轴颈原始损伤部位应力集中问题。

（3）损伤部位初加工后，经着色检测确认无潜在缺陷方可，并检测记录损伤部位加工后尺寸［修复部位直径（位置）×长度×深度］。

（4）清理前，须做好轴件的周边部分防护工作，确保防护严密。

图17-3　损坏的轴照片组

17.4.5　激光熔覆加工

（1）对去除疲劳层后的修复部位进行彻底清理，采用丙酮除油，并用清洗溶剂清洗，确定无任何油渍与残留物方可。

（2）根据轴颈的具体实际尺寸进行机器人编程，并校验程序的可靠性，采用同步送粉的方法对轴颈进行熔覆；为避免分段熔覆产生的热输入不均匀和型位差异造成的厚度不均而导致的熔覆结构应力，采用沿圆周方向连续施工。按照已确定的轴颈激光熔覆工艺参数（层间温度小于80℃，确保最小的热输入量和最小的熔覆及组织应力），实施熔覆加工。

（3）打底层熔覆后必须进行打磨清理、冷却后着色探伤检测，合格后才能继续下一层熔覆。

（4）最后一层激光熔覆厚度，高于基体面约0.5mm，确保加工余量。

（5）熔覆结束后对表面的高点进行打磨处理，以便于精修加工。

（6）熔覆尺寸［直径（位置）×长度］、硬度、探伤检测，拍照并存档。

（7）整个熔覆过程实现了激光器运行、机器人程序、旋转动力驱动装置运行的闭环联动控制，确保了整个熔覆设计工艺的稳定可靠性，使熔覆质量得到有效的保障，如图17-4所示。

图17-4　激光熔覆加工后的照片

17.4.6　轴颈的精机加工复形

（1）随形机加成套设备、工装的安装；

（2）设备调试；

（3）加工部位的外形尺寸检测；

（4）机加工艺参数的确定；

（5）随形切削设备加工。

17.4.7　精加工抛光处理

（1）随形抛，安装精调；

（2）加工后确保尺寸精度、同轴度、圆度、锥度等精度要求（见图17-5）。

图17-5 修复后效果照片

17.4.8 验收方式及内容

（1）现场施工实行全流程质量控制，由修复单位质检人员对每一个工艺环节进行检测并记录。

（2）关键技术点由修复单位、客户项目部共同现场鉴定，并要留存现场记录及图像资料。

（3）质检体系分为自检、互检，下道工序操作者对上道工序操作质量进行检测。

（4）操作者在操作过程中进行操作记录备查。

（5）现场施工完工后，在交付客户验收前，由修复单位项目负责人和质量负责人对工程质量进行全面的验收检查，对于发现的问题，应及时整改，如有必要则进行二次内验。只有在内部验收通过后，工程才能通知交付客户进行验收，从而保证一次性验收合格。

（6）保证加工后精度符合质量验收标准（验收标准见表17-1）。

表17-1 验收标准表

序号	项目	标准
01	同轴度	≤ 0.02mm
02	椭圆度	≤ 0.02mm
03	硬度	接近原值
04	粗糙度	Ra0.8

续表

序号	项目	标准
05	着色探伤检测	JB/T 4730
06	激光熔覆层	无裂纹、无夹渣、不脱落

（7）修复后熔覆层应结合牢固，表面不得有起皮、剥落和裂纹缺陷。

（8）经过修复后，损伤轴颈应恢复到原轴颈尺寸技术要求，与未损伤面比较，外圆偏差应在 $0 \sim 0.02mm$ ［硬度检测与直径尺寸检测时采用均匀圆周8点法（45°分度），轴向约100mm距离段进行分段均匀检查］。

（9）修复后轴颈圆度≤0.02mm。

（10）修复后轴颈应圆滑无咬边，圆周表面无毛刺，溶覆层无夹渣、气孔等异常。

（11）修复后轴颈无损检测应合格。

（12）提供加工前后机械尺寸检测报告。

（13）提供加工前后无损检测（着色探伤）报告。

（14）提供激光熔覆报告。

（15）最终验收结果由客户、修复单位双方代表共同签字确认。

17.5　结语

对于聚酯预缩聚釜和终缩聚釜的搅拌轴表面的缺陷，利用大修停车机会，采用现场激光熔覆加工技术，可以达到预期目的。

第18章

设备法兰防泄漏技术

18.1　概述

石油化工企业生产工艺过程复杂，工艺条件苛刻，设备、管道种类和数量多。泄漏是引起石油化工企业火灾、爆炸、中毒事故的主要原因。法兰泄漏在逸散性泄漏中所占比例较大，一直是困扰设备管理人员的难题。出现法兰泄漏问题，会影响生产，污染环境，甚至会造成重大的安全事故。所以，实施安全有效的措施，保障法兰密封的有效性，具有很大的意义。

法兰密封一般出法兰本体、密封垫片与紧固件三部分组成。这三部分任何一部分出现问题，都可能造成法兰泄漏。所以，在法兰安装的过程中，要对整个过程进行有效的控制。

法兰防泄漏技术可以成功应用于聚酯设备封头、泵类法兰的紧固。

18.2　螺栓预紧力控制的重要性

螺栓连接在工业生产和人们的生活中起着不可或缺的作用。螺栓连接是靠螺栓的预紧力来实现的。在一定的范围内，螺栓像橡皮筋一样，可以被拉伸，松开后，又恢复到原始长度。但是，如果被拉伸得超过屈服点，其变形就会由弹性变形转变为塑性变形，就无法恢复到原始长度了。显然，要拉伸一个螺栓并使其产生一个精确的螺栓载荷，需要相当大的力量，工业上常用方法是在倾斜的螺纹上旋上螺母。旋紧螺母所需的扭转力被称为扭矩，它要克服螺母的转动摩擦力，随着转动摩擦力的增加，当扭矩等于转动摩擦力时，它就停止下来。

螺栓是看似再普通不过的东西，但现在石油化工行业使用的早已不是普通的螺栓。根据不同的用途，使用合适的钢材，采用先进的工艺、严格的标准，才能生产出高强螺栓。

螺栓连接的是对密封有较高要求的法兰，其管线介质有很多是高温高压、易燃易爆甚至是有毒性的，一旦发生泄漏，后果不堪设想。法兰一般是通过焊接连接在管线或设备上的，其两侧的焊缝有严格的要求。焊接前要根据材料与尺寸的不同选用合适的焊条，制定焊接工艺；重要的焊缝要经过培训的高级焊工持证上岗进行焊接；焊接后焊缝要100%探伤检查，对不合格的焊缝要进行处理，对重要的焊缝还要进行热处理。由法兰本体、密封垫片与紧固件三部分组成的法兰连接的焊接更为复杂，而对其安装的过程却不受重视。检修单位往往使用大锤敲击的方式进行螺栓紧固，这是造成法兰泄漏的主要因素。

英国石油天然气协会对100对出现泄漏的法兰进行了泄漏原因分析，发现其中81对法兰的泄漏都是由不正确的螺栓预紧力造成。通过提高螺栓预紧力精度消除法兰的泄漏问题，是一种十分高效的方法。

18.3　紧固螺栓的方法

紧固螺栓的方法有很多，常用的工具有活扳手、套筒扳手、冲击扳手、电动扳手、液压扳手、液压拉伸器、螺栓加热器等。综合来看，可以归纳为拉伸法与扭矩法。结合石油化工行业的实际情况，使用扭矩法控制螺栓预紧力，是一种高效的、能够大面积使用的紧固方式。

扭矩法就是利用扭矩与预紧力的线性关系在螺栓弹性变形区进行紧固控制的一种方法。在紧固过程中，施加在螺母上的扭矩除拉伸螺栓外，需要克服螺纹副的摩擦力及螺母与支撑面之间的摩擦力。随着紧固的进行，螺栓的预紧力逐渐增大，两个摩擦力所受到的正压力随之增大，两个摩擦力也增大。当紧固的扭矩等于螺母的转动摩擦力时，螺母不再转动，螺栓紧固完成。该方法在紧固时，只对一个确定的紧固扭矩进行控制。该方法操作简便，是石油化工行业一种常见的紧固方法。

扭矩法紧固螺栓时，需要精确控制紧固扭矩，而之前使用的紧固工具没有精确扭矩输出的概念，比如套筒扳手、冲击扳手、电动扳手等。现场螺栓紧固时，最常见的就是使用大锤敲击的方式进行螺栓紧固。以往的这些方式无法控制紧固扭矩，法兰上螺栓最终得到的螺栓预紧力值更是无法控制。在长期的实践中，我们发现液压扳手是一种有效的紧固方式。

液压扭矩扳手的驱动轴通过套筒与螺母连接在一起，驱动轴靠液压扳手中的棘轮带动，而棘轮是靠液压缸推动棘爪带动的。控制液压泵站的输出压力，即可精确控制液压扭矩扳手的输出扭矩。目前，进口液压扳手品牌的输出扭矩精度可达 ±3%。

18.4　定力矩管理实施步骤

18.4.1　制订方案

1）工况调研

石油化工行业管线及法兰介质情况复杂，设备操作条件对法兰密封的影响很大。我们常常遇到设备平稳运行时没有泄漏，出现压力温度波动时发生泄漏的情况。同时，法兰密封形式不同、介质不同，介质温度、压力不同，每条螺栓所需要的预紧力也就不同。

在大修之前，需要进行详细的工况调研，建立法兰数据管理的台账，需要统计每个法兰的名称、位号、密封形式、法兰尺寸、介质、温度、压力、螺栓材质、螺栓尺寸等信息。

2）螺栓预紧力计算

根据工况调研的数据，由专业公司计算法兰密封所需要的螺栓预紧力。计算预紧力时需要考虑四个方面：补偿温差所需的预紧力、克服内压所需的预紧力、克服管道应力等外力所需的预紧力、保证工作密封比压所需的预紧力。将这四个方面的预紧力值相加，除以法兰上螺栓的个数，可得到每条螺栓所需要的预紧力。计算出预紧力后，需要对螺栓强度与密封垫的强度进行校核，使其处于合适的屈服极限强度之内。

3）确定紧固步骤

按照ASME（美国机械工程师协会）PCC-1—2010标准，确定紧固步骤。要求紧固时，使用四同步紧固技术——一台液压泵站同时驱动四部液压扭矩扳手进行紧固，保障法兰平行闭合。紧固顺序严格按照"十"字交叉法进行。第一步紧固至50%的目标扭矩，紧固所有螺栓；第二步紧固至100%的目标扭矩；随后进行环形校验，确保每个螺栓紧固到位。

18.4.2　现场施工步骤

1）法兰密封面检查

法兰密封面对整个密封系统影响很大。安装法兰前要按照表18-1中的步骤对法兰的密封面进行检查。

表18-1　检查工作的标准

检查点	检查项目	工具	标准	异常对策
清洗前	密封垫及法兰外观	钢尺	检查密封垫压痕及变形状况；检查法兰外观	作为后续判断参考，严重者修复或更换
清洗后	法兰尺寸及密封垫接触外观	钢尺卷尺	依据设计图纸标示的尺寸及公差；依据ASME B16.5、B16.20	补焊、车削加工
	密封垫接触面平整度	激光平面仪	每个法兰取8个点，任何两点高度差不大于0.25mm	补焊、车削加工
	密封垫接触面粗糙度	粗糙度规	依据设计图纸标示或业主要求；依据ASME B16.5，最高Ra1.6，常规Ra3.2/6.3	补焊、车削加工
螺栓紧固前后	测量螺栓伸长量，确认螺栓载荷	螺栓预紧力校准装置	与设计要求的伸长量或螺栓载荷相对比	重复紧固

图18-1 法兰在线加工设备

2）法兰密封面修复技术

法兰面清洗完成后，需要对密封垫接触面的外观、平整度、粗糙度依照ASME的标准进行检查。当发现不符合要求的情况，之前的处理方式往往是更换法兰或者将法兰割下来，送回车间加工，再焊上。为了提高处理的质量，缩短工期，凯特克公司引进了法兰在线加工技术。利用法兰螺栓孔固定法兰在线加工设备，即可对法兰密封面直接进行现场加工，如图18-1所示。

法兰在线加工设备安装、操作简单，而且是冷加工，加工过程中不产生火花。加工精度可达0.01mm，加工面Ra1.6。使用这种方式在线加工法兰，省时省力，可大大缩短工期。

3）法兰密封垫检查与安放

依据设计图纸选择合适的密封垫片。对于以石墨为密封材料的缠绕垫片或波齿垫片，要确定石墨的耐温范围。在拆卸法兰时，要观察之前使用的密封垫片有没有出现压溃的情况，观察密封材料是否完好。

安装法兰时必须将密封垫保持到位，可以在密封垫上施加薄层喷胶来固定密封垫，避免使用与工艺介质不兼容或容易造成应力腐蚀及密封面点蚀的黏合剂，切勿在密封垫上径向使用胶带将其保持到位。紧固螺栓至少使用四同步的工具紧固，保障法兰平行闭合。

4）螺栓的检查与润滑

润滑可以降低摩擦系数，以更低的扭矩达到给定的预紧力，并改善接头内螺栓与螺栓之间载荷的一致性，同时还有助于随后的紧固件拆卸。

在常温条件下，采用SA-193低合金钢螺栓的工业压力容器和管道，典型螺母系数为0.16～0.23。对于螺栓系数较小的变化，施加扭矩所得到的载荷的敏感度尤其值得注意。例如，螺栓系数从0.1变化到0.3，不会导致扭矩变化20%，而是变化200%。如果工作面润滑不足，得到的螺栓载荷会有显明变化。

润滑螺栓螺母前先检查螺栓螺母能否自由旋合，如有问题应查找原因并进行必要的更换。

在螺栓穿过法兰螺栓孔后涂抹润滑剂，避免螺栓孔内的颗粒物污染。涂抹方式：在螺栓的两端螺栓上均匀地涂抹润滑。

5）法兰回装要求

①依据 ASME PCC-1—2010《压力边界螺栓法兰连接装配指南》找正法兰中心线：在法兰周围选四个点，相互之间大约间隔90°，任何一点的公差均小于1.5mm。

②法兰平行度的找正：通过测量和比较法兰的最大或最小间隙来确定公差不超过0.8mm。

③法兰螺栓孔的找正：按照90°测量公差，保证螺栓穿过法兰螺栓孔，或者两螺栓孔处于3mm的范围内。

④两片法兰间隙的调整：当法兰处于静止状态时，两个法兰之间的间距超过垫片厚度的两倍；当间隙过大或过小时均需要调整。

6）螺栓紧固

采用同步的紧固方式对法兰进行紧固，保证法兰平行闭合。

18.4.3　紧固效果的验收

由标准化力矩紧固技术服务联合工作组用校验合格的力矩扳手（附带力矩精度校验证明），对紧固后的法兰螺栓进行约占总数20%的抽检。

1）扭矩不足检查

设定抽检力矩为最终力矩的90%，被抽检的螺母转动，则判定该法兰紧固为不合格，需重新紧固直到验收合格为止；若螺母没有转动则进入校验第二步骤。

2）扭矩过大检查

设定抽检力矩为最终力矩的110%，被抽检的螺母转动则判定合格；不转动则判定该法兰螺栓过度紧固，不合格，验收不通过，需重新紧固直到验收合格为止。

18.5　扭矩管理螺栓预紧力的优缺点

18.5.1　扭矩管理的优点

1）扭矩控制预紧力的原理

套筒与螺母相结合，在扳手的驱动下，克服螺栓螺纹面及螺母转动面的摩擦力，使螺母沿着螺旋线向下不停地转动，从而拉伸螺栓产生预紧力。随着预紧力的增加，产生两个摩擦力的正压力逐渐增大，摩擦力随之增大。当扳手施加的扭矩与摩擦力作用的扭矩平衡时，螺栓紧固到位。

2）液压扳手控制预紧力的优点

液压扳手体积小、出力大，可以精确调节输出的扭矩，扭矩输出的精度高达±3%。特别是对于空间狭小的工况位置，液压扳手是非常理想的扭矩输出工具。

同时，从理论上来说，扭矩与预紧力成正比的关系，精确控制扭矩即可精确控制螺栓预紧力。

18.5.2　扭矩管理的缺点

传统液压扳手紧固螺栓时虽然可以设定转动螺栓的扭矩，但必须要有一个反作用力臂来平衡驱动力，否则机具就原地打转了。根据力矩平移定律，液压扳手的紧固效果等效于一个力偶加上一个与此力偶垂直的侧向力（又称偏载力）。此侧向力将螺栓螺纹面接触改变成线接触甚至点接触，大大增加了螺纹之间的摩擦系数，甚至导致螺栓咬牙；同时，螺母与支撑面之间的受力会集中在一侧，划伤支撑面，导致螺母与支撑面之间的摩擦系数增大。每条螺栓实际产生的摩擦系数以及正压力的大小无法测量和计算，因此无法知道每条螺栓紧固时实际的摩擦阻力。虽然给每条螺栓提供了相似的紧固力矩，但是在克服摩擦阻力后剩余的力矩才能转化成螺栓的预紧力。每条螺栓的摩擦阻力不同，其预紧力数值自然也是个未知数。所以，液压扳手扭矩输出的精度很高，但是预紧力的精度只能达到±30%左右，见图18-2。

18.5.3　螺栓预紧力控制技术

美国HYTORC（凯特克公司）用一个特殊的DISC拉伸垫圈代替常规的平垫圈。拉伸垫圈外形尺寸和原配的螺母相同，是六角形（见图18-3）。

反作用力支点越近，偏载力越大！

图18-2　带反作用力臂液压扳手

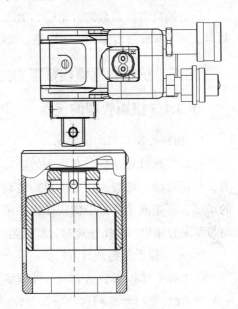

图18-3　紧固图

　　双层驱动器的外套筒上部分和液压扭矩拉伸机固定，下端口和六边形拉伸垫圈相啮合。驱动器内套筒转动原配的螺母时产生的反作用力通过驱动器的外套筒，传递到六边拉伸垫圈上，自相平衡，因此去掉了传统意义上的反作用力臂。机具转动原配的螺母时，使螺纹之间保持面接触，相当于用手指转动螺母，无偏载力偶，只要控制好各摩擦面的加工精度和相同的润滑条件，每个螺母就可产生大致相似的摩擦阻力。液压扭矩拉伸机对螺母产生的相同的驱动力减去螺母产生的大致相似的摩擦阻力，螺栓就可获得较为相似的预紧力。用这种方法紧固的螺栓，其预紧力的精度经德国实验室测试为 ±4%。

　　英国石油天然气协会的一项测试表明，81%的法兰泄漏问题是由不正确的螺栓预紧力造成的。使用美国HYTORC的拉伸垫圈，配合液压扭矩拉伸机和双层驱动器进行安装，可提高法兰上每一颗螺栓的预紧力精度与法兰螺栓预紧力的均匀度，从而达到"零泄漏"的效果。这一技术解决了很多石化企业法兰常年泄漏的问题。

第五篇

聚酯切片及后续系统节能环保技术

内容摘要： 本篇介绍了聚酯切片及后续系统六种节能环保技术：聚酯切片的输送技术、聚酯切片结晶气流干燥技术、聚酯切片金属探测分拣技术、聚酯切片离子风静电消除技术、聚酯瓶回收利用技术、涤纶长丝废丝循环再生技术。

第19章

聚酯切片的输送技术

19.1　概述

我们知道，聚酯切片的输送虽为辅助系统，但对物料和能源消耗、杂质带入量、生产和产品质量等有较大的影响，必须高度重视，一方面要提升技术水平，另一方面，要加强企业管理。切片输送的方式包含两种形式：机械运输和气力输送。机械运输比较简单，气力输送比较复杂。

从切片生产厂到纺丝现场要通过机械运输，常使用汽车、火车、船舶等运输工具。机械运输的距离较长，每一个厂都离不开这个过程。在运输过程中，必须注意爱惜切片。因此，要关注以下几点：

（1）不弄破包装。由于包装袋牢度有限，装卸和运输中稍有不慎便会弄破包装（如叉车），使切片流出包外。撒落在外的切片极易混入杂质，一般不能再直接使用，绝对不能从地面扫起后再装入袋内！若装入袋内，造成的损失可能远超破包带来的损失。

（2）不沾污包装。切片不能与含有粉尘、颗粒等的物品混装。装运切片的车辆、船舶必须清扫干净，途中加蓬布遮封。如果用装过煤的车厢装切片，清扫不彻底时，煤粉会沾在包装袋外或缝隙中。投料时较难全部清扫掉煤粉，混入切片中的煤粉会使过滤压力升高，纺丝断头。堆放切片的场地也要清扫干净，地面上的泥砂、灰尘等物被带入切片，同样危害生产。长期堆放时最好加盖毡布，防止积灰和雨淋。

（3）防止受潮。堆放切片的场地要干燥，运输和保管中均要防止受潮。受潮的切片在干燥过程中易产生降解。

（4）防止暴晒。切片和包装物均是有机高聚物，在强烈的紫外线作用下，包袋易老化甚至分解而降低强度，对切片质量也不利，因此，要避免长时间暴晒。

19.2　气力输送的分类

工厂内部大多采用管道输送，管道输送的效率高，不受外界干扰。风送就是用风机将切片通过管道输送到目的地的气力输送。切片从投料口加入，风机打出的风将切片吹到接受容器上方的旋风分离器中。切片和风分开以后，风从上部排走，切片从下部流出。风送的设备简单，成本低，但由于速度高，切片的磨损较大。风送时要先开风机后投切片，若先投切片可能会产生堵塞。停送时，先停切片，吹一段时间再关风机。若风送包装袋内的切片时，投料前务必做好包装袋外面的清洁。其他方法输送时亦应如此。

气力输送是利用气体流动的能量，在密闭的管道内沿气流方向输送物料，是流化态技术的一种具体应用。气力输送装置结构简单，操作方面，可进行水平的、垂直的或者倾斜方向的输送。在输送过程中，还可以同时进行物料的加热、冷却和气流分级等物理操作或某些化学操作。相对于机械输送方式，此法颗粒易破损，设备也易受磨损。一般而言，含水量多、具有黏附特性或者在高速运动时易产生静电的物料，不宜进行气力输送。气力输送的优势在于输送距离长、输送能力大、输送速度较高，管道布置形式灵活，几乎不受场地的限制，可以在一处接受物料而送到多处，是一种常见的输送方式。

（1）气力输送从输送的形式上可分为正压输送和负压输送。

正压输送：输送管道内压力高于大气压。

负压输送：输送管道内压力低于大气压，也称真空抽吸，即使用真空泵将切片吸到密闭容器内。生产中常见的转鼓吸料，就是利用真空抽吸输送切片。与风送相比，真空抽吸对设备的要求高，除真空泵外，贮存切片的容器必须耐压，否则会被抽瘪。但真空抽吸不需要旋风分离器，切片输送密度高，输送速度低，切片磨损少，适用于一些特别场合。

（2）根据输送气体是否重复利用，可分为开路输送和闭路输送。

开路输送：主要见于以空气输送的方式；输送至终点气固分离后，输送气体排入大气（如用压缩空气输送切片）。

闭路输送：主要见于以惰性气体输送的方式，由于惰性气体的成本高，因此输送线路设计成闭路形式；输送至终点气固分离后，输送气体重新利用（如用氮气输送PTA）。

（3）根据物料的输送状态（以固气比划分），可分为稀相输送、中相输送和密相输送。

稀相输送：固气比（输送物料的重量与输送气力用量的质量比）为0～10；输送速度为16～35m/s；输送距离在300m以内。

比较常见的是低压风机稀相正负压输送技术。低压风机稀相正负输送，是在风送的基础上改进的新技术，该技术用特制的低压风机输送，结构简单，不易产生故障，并且气料比较稳定，风机速度低，自动控制输送距离可达500m以内，比风送减少了切片的磨损，比脉冲输送减少了设备和压缩空气，非常节能，已广泛在化纤工厂中应用，是值得推广的节能新技术。

中相输送：固气比为8～20；输送速度为12～20m/s；

密相输送：固气比为25～100；输送速度为1～8m/s；输送距离在500m以上。

在聚酯切片工厂的内部，一般使用脉冲输送技术（利用压缩空气将切片一股一股地送到接受容器中）。脉冲输送距离长，切片互相磨损小，是一种先进的输送方法。但脉冲输送的设备复杂，需要用压缩空气。脉冲输送按照预先编好的程序自动进行，自动化程度较高，各种操作必须严格按照操作说明进行。

19.3　聚酯切片的气力输送技术

聚酯切片加工制造出来后都需要送至不同的成品料仓或者包装料仓，从切粒区域到成品料仓或者包装料仓一般都有几十米至几百米，甚至一两公里的距离和几十米的高度差。在这种情况下，任何机械输送方式都会投资大，布置上不灵活，因此聚酯工厂中对于聚酯切片的输送基本都采用气力输送方式。

虽然气力输送有多种形式，但由于聚酯切片物料具有自身易磨损、产生粉尘和易拉丝的缺点，如果任意选择和设计气力输送的形式，必然会导致切片在管道中磨损、产生过多粉尘和飞丝，不仅影响切片的外观，而且会影响下游产品的品质。因此对于聚酯颗粒物料，柱塞流式的密相输送是最佳选择，它将密相输送系统的尾端速度控制在8m/s以内，在保证能力的情况下，尾端速度越慢则对聚酯切片的破坏越少，系统中的粉尘飞丝也越少。这种密相输送技术也是比较节能的有效技术手段。

密相输送可通过以下两种方式来实现：

1）发送罐方式输送

如图19-1所示，聚酯切片通过进料阀重力落入发送罐中，置换出的空气通过排气阀释放出去，以便进料更顺畅。当发送罐装满后（一般通过料位开关来标定，也有通过称重来标定的），进料阀与排气阀门同时关闭，进气阀打开向罐内加入压缩气体；当罐内的压力达到设定

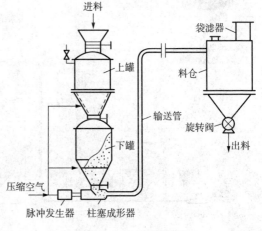

图19-1　工艺流程图

值时，系统会自动打开底部出料阀，罐内的压缩气体与聚酯切片混合后，以柱塞形式在输送管道内前行，直至物料排空。当发送罐内的压力小于设定值之后，认为前一罐物料输送完毕。放料阀关闭，进料阀和排气阀打开，重复之前的步骤。

发送罐输送方式的优点在于罐体自身是压力容器，耐高压、耐磨损、制造成本低、输送距离远（可达1~3km）。但其缺点包括以下几点：首先，它属于间歇输送，需要的气量大，在每罐物料输送的起始阶段和结束阶段，由于气压、气量无法准确控制，物料处于半流化状态，无法实现真正全程的密相输送；其次，其输送速度相对较高，一般为12~15m/s，对聚酯切片仍有一定的磨损；最后，其容器高度较高，需要更多安装空间等。

2）旋转阀方式输送

旋转阀，有时也被叫作星形阀或者锁风阀。通过旋转阀的转子转动将腔内物料均匀地卸入输送管道，同时锁气密封，防止下游输送压力窜入上游罐体内，避免造成聚酯切片被压力顶住从而无法进入旋转阀的腔体内（见图19-2）。

旋转阀输送的优势包括：系统为连续输送，可以做到尾端速度控制在8m/s以内，粉尘量小，产生的静电也远小于发送罐进料的方式；系统控制点少，稳定性好，全程都为密相输送；相对于发送罐，旋转阀安装空间小。但其缺点在于制造成本高，由于耐压的限制，输送距离有限。

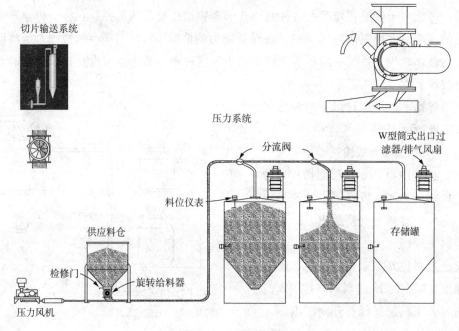

图19-2　工艺流程图

在设计和调试阶段，聚酯切片输送过程要考虑到输送负荷大于生产量。在一般情况下，输送量固定后，不再调整。如果故障或者经营需要，生产负荷降低，切片输送会间隙进行。当小料仓料位高报时，连锁启动输送系统运行；当小料仓料位低报时，连锁停止输送系统运行。然而，有时切片黏附在料位计上，会出现假的料位报警，从而造成压空消耗高，切片粉屑增多。因此，可以用时间控制方式实现间隙控制，即通过标定，决定时间间隔。例如，系统停止运行 X min 后，料位高报到达，PLC控制系统的程序自动启动输送系统运行，在一边输送一边进料过程中，经过 Y min 后空仓，输送系统突然出现压力低报，连锁停止输送系统运行。如此循环运行。

19.4　结语

鉴于聚酯切片物料自身的易磨损特性，选用气力输送方式时一定要采用柱塞式的密相输送方式，同时在输送距离不是很远的情况下，尽量选择旋转阀的密相输送方式，从而对切片起到最大程度的保护。

第20章
聚酯切片结晶气流干燥技术

20.1　概述

随着化纤工业的发展，聚酯切片结晶干燥技术也进一步得到发展，无论是转鼓干燥技术还是结晶连续干燥技术，在节能、环保、安全等方面都有较大的改善。转鼓干燥技术，由原来的蒸汽加热改进为导热油电加热，淘汰落后的燃煤小锅炉，减少二氧化硫、粉尘、二氧化碳等有毒有害气体及烟尘的排放和污染，能耗也大幅度降低；控制系统采用目前最先进的集成程序触摸屏控制和DCS控制，控制参数更加精准，同时节省人员、减少工人的劳动强度，使系统更加节能、环保。切片结晶连续干燥技术，采用先进的分子筛除湿机、电气PLC（或DCS）控制，并且采用专利技术、力学原理多级传动搅拌新技术，综合节能30%以上，符合现代聚酯的节能减排和环保的新潮流。本章重点介绍气流干燥技术。

20.2　气流干燥基本原理

20.2.1　简介

使用干燥空气（或氮气）对切片进行干燥的工艺称为气流干燥。气流干燥为连续式干燥，适用于干燥量比较大的场合。

气流干燥设备有多种型号，国内常用的有布勒式（BM）、吉玛式、多轮式和来新式等，它们在设计上各有千秋，性能各有特点。张家港万盛公司在吸收国外先进技术的基础上，不断研发和创新，进一步研发拥有自主知识产权的切片沸腾结晶连续干燥机（WAFR）、切片脉动结晶连续干燥机（WSBM）、瓶片连续干燥机（WSKFF）、锦纶切片连续干燥机（WSPD）、低熔点切片干燥机、再生瓶片及泡沫干燥机、PLA阻燃切片生产干燥机等11项目专利技术，但基本原理是相同的。气流干燥中要用空气作为热能和水分的载体，干空气的制取是重要环节。

20.2.2　干空气的制取

我们日常接触到的空气中，含有一定量的水分。水分的含量与气温有很大关系，一般说来气温高时水分的含量高，气温低时水分的含量低。另外，与水分是否饱和也有很大关系，如阴雨天气，水汽饱和或接近饱和，水分的含量就高；干燥的晴天，水汽不饱和，水分的含量就低。

在干空气的制作过程中，常以露点温度表示空气中含水量的高低（露点是水分达到饱和时的温度）。露点高，空气中的含水量就高；露点低，空气中的含水量就低。通常要求干空气的露点大风量时至少在 -10℃，小风量时至少在 -50℃。

干空气的制取根据气源不同可分为三种方法：普通空气（包括空调风）法、循环空气法和压缩空气法。

1）普通空气法

普通空气法的进风取自大气或空调风。取自大气比较方便，但含湿量受大气温度、湿度变化比较大，在夏季和阴雨天气尤为显著。取自空调风时，进风的温度、湿度比较衡定，经处理后干空气的露点上下波动小，整个系统运行稳定。但耗能比较高，特别是冬天，空气在空调机中被加热，进入干空气系统后马上又被冷却。使用空调风也加大对空调机的能力要求。

使用普通空气制备干空气一般通过冷冻脱湿和吸附脱湿两个过程。将过滤后的空气通过表面冷却器冷却到一定温度（$2 \sim 10$℃），由于被冷却的空气中的含水量已超过该温度下的饱和含水量，超过的部分冷凝成水，从空气中分离出来。冷却后的空气仍含有一定的水分，用吸附剂可以将其中的绝大部分脱除掉。常用的吸附剂有氧化铝、硅胶、分子筛等物质。吸附剂的特性是低温时吸附水，高温时将吸附的水脱附掉，可循环使用。空气通过氧化铝、硅胶、分子筛的吸附筒时，温度越低水分越易被吸附住，得到的干空气露点也越低。为使吸附剂再生（即解析掉所吸附的水分），再生加热温度适当高一些比较有利。经过再生的吸附剂可以继续进行下一轮的吸附。氯化锂干燥轮由于节能环保等要求，目前已经在化纤工业上被淘汰。

2）循环风法

从干燥装置出来的空气，虽然携带一部分从切片中出来的水分，但与周围的大气相比，含湿量仍很低。利用这种循环风作为干空气装置的进风，可使去湿设备的负荷减轻，有利于制得露点比较低的干空气。另外，使用循环风作为进风，可以不受外界大气环境的干扰，生产稳定，而节能效果显著。循环风内含有粉尘，且温度较高，必须加强过滤和冷却。通常使用袋式过滤器将粉尘过滤掉，然后使用冷却水进行冷却。使用普通空气作为进风时，使用的冷却水要经过冷冻机冷冻；使用循环风作为进风时，可使用不经冷冻的冷却水，只要把风温冷却到40℃左右就可以满足要求。经过冷却的风通过分子筛吸附筒吸附掉水分，就成了低露点的干空气。利用国产循环风低压大风量分子筛除湿装置露点可达到-50℃。

3）压缩空气法

压缩空气有两个特性：一是经压缩后已经去除了一部分水，含湿量较低；二是在压缩状态下密度高，水分容易被吸附剂吸附掉。因此，采用压缩空气法，可以获得露点极低的干空气（-70℃）。

压缩空气的压力为0.4~0.7MPa，含油量须小于5×10^{-4}%（5μg/g），因油会使分子筛中毒失效。吸附剂为氧化铝型分子筛（分子筛装在耐压筒内）。经吸附脱水后再进行减压，即能得到干空气。

20.2.3　干空气加热

干空气的加热可采用电加热和蒸汽加热。由于干燥温度较高（150℃以上），采用蒸汽加热时，需要高压蒸汽，而有高压蒸汽的工厂不多，故在大多数场合均采用电加热。电加热操作简单，但成本略高。电加热器中有多组电热棒，通过控温装置可使干空气达到工艺规定的温度。

20.2.4　预结晶

气流干燥中切片的预结晶单独在一台设备中或设备的某一部分完成。通过热空气对切片加热，切片即产生结晶。由于搅拌方式的不同，预结晶器有沸腾式与

充填式两大类。

1）沸腾式预结晶

沸腾式预结晶也叫流化床式预结晶，是利用通入的热风使切片上下翻腾，达到防止粘连的搅拌效果。沸腾式预结晶有一套热风循环系统，带有风机、旋风分离除尘器和加热器等设备，干燥塔的排风作为循环风的补充风源。有的设备利用脉冲风使切片沸腾，有的无脉冲风。早期的沸腾式预结晶器有间歇式的，现在已很少采用。

2）充填式预结晶

充填式预结晶器有单独设置，也有与干燥塔连在一起设置的。搅拌器多为桨叶式，少数采用螺旋片式。充填式预结晶器常使用干燥塔的出风，因此设备简单，工艺控制也简单。系统也有使用一套独立热风循环系统的。预结晶须有一定的温度和时间才能完成，设备不同，温度和时间不一样。沸腾式温度较高，时间只需8~10min，充填式温度较低，时间就比较长。

20.2.5 干燥

不论哪种干燥设备，均是干空气从切片周围流过时将热量传给切片，并将切片蒸发出的水分带走，最后使切片与周围干空气的含湿量相平衡。在干燥塔内，切片成自然堆积状或疏松状。疏松状是在塔内加屋脊式挡板而形成的，目的是改善切片与热风的接触状况。切片干燥的效果与干燥温度、停留时间及干热空气与切片的接触状况有关。

20.3 预结晶装置

预结晶是干燥的第一步，为达到预结晶目的，各公司设计了许多结晶器。预结晶器目的是达到要求的结晶度，因此预结晶的操作要特别注意防止结块粘连。

20.3.1 沸腾式预结晶器

布勒、吉玛、来新等干燥设备的预结晶器均为沸腾式，各有一定的代表。

1）布勒公司连续式沸腾床

床身下有左右两个风道，上面盖有开着许多垂直和向出料方向倾斜的小孔。左右风道入口处有旋转风门，左风道打开时，右风道关闭。电动机带动风门旋转时左右两个风道上交替出现脉冲气流。在脉冲气流的冲击下，切片上下翻动，并向出料方向前进，最后溢过挡板，进入干燥塔。沸腾床进料用回转阀控制。

和其他沸腾式预结晶器一样，布勒式沸腾床的特点是预结晶温度高、切片停留时间短、预结晶后切片粉末含量少（产生的粉末被风带走）。预结晶器独立安装，需要一套独立热风循环系统，能耗比较高。

由于预结晶器使用循环风，即使经过旋风分离和过滤，循环风中仍可能夹带有切片粉尘（已发生过这些粉尘沉积在加热器表面而引起火灾的事故），操作中要密切注意，另外也要防止因进风量过大冲出切片。

2）吉玛式沸腾床

分前后两个进风区交替进风，由于进风面积的不同，切片在床上沸腾状态前后强弱不一。切片向出口方向的运动是由偏心电动机使床身振动而实现的。用可调挡板来调节切片在预结晶器内的停留时间。

3）来新式沸腾床

预结晶器是立式的，下部为进风口，上部为出风口，一个侧面进切片，一个侧面出切片。干燥塔连在出切片的一侧。来新式沸腾床在进风时是连续式的，无脉冲气流。干燥器的上部设有挡板，切片在沸腾时，可从挡板的下部进入另一个间隔内。

20.3.2　充填式预结晶器

KF式、川田式、多纶式等干燥机的预结晶器均为充填式。所谓充填式，就是在预结晶器内充满切片，不留空间。为防止湿切片受热粘连在一起，充填式预结晶器内都安装有搅拌器，不停地搅动切片。

充填式预结晶器大多为立式（只有螺旋搅拌的为卧式）。立式充填预结晶器的主要区别在进风上，川田式从中间喇叭口进风，其他都从底部进风。

充填式预结晶的特点是设备体积小，可以设在干燥塔内；需要的热风风压低，温度低，除非特殊需要，一般可以直接使用干燥塔的回风；其能耗低，切片热降解少。充填式预结晶器易产生粉末，为此，各公司在搅拌器的设计、气流的设计方面都应特别注意，有的还加有粉末去除装置。

20.4　干燥装置

气流干燥器均为塔式，故常被称为干燥塔。干燥塔是一圆形或方形的容器，下部为锥形，切片从上部进入，从下部出去。干燥热风多从底部通入，也有底部和中间同时送风的。排风在上部。切片在塔内有两种情况，一种是成自然堆积状的紧密状态（充填式），另一种是留有空间的疏松状态（半充填式）。属于紧密状的有KF式干燥塔、川田式干燥塔、多纶式干燥塔、来新式干燥塔等。属于疏松状的有布勒式干燥塔。

20.4.1　KF式干燥塔

KF式干燥塔上部为预结晶器，下部为干燥器。预结晶的锥形底部有一根管道，切片从管道下流出，充满干燥器。从管口向下，形成一个自然堆积角。通过加长或缩短管道，可以改变干燥器中切片的数量，从而改变干燥时间。

KF式干燥器的底部为圆形，内衬一个带孔眼的锥形容器，干燥热风从孔眼中吹向切片，与切片逆流接触。热风离开干燥器以后，直接从预结晶器锥形底部的小孔中进入预结晶器。

20.4.2　吉玛式干燥塔

吉玛式干燥塔只起干燥作用。干燥塔上部为圆筒状，下部为锥角35°的圆锥形。圆筒形塔身内有上下两层气流分配环，分别供上部进风和底部进风使用。每一层分配环有两个进风口，一个供分配环的外环进风，另一个供分配环的内环进风。外环围绕在塔身外壁上，通过壁上的小孔向塔内送风；内环安装在塔身内，通过环上的小孔在塔内向周围送风。

吉玛式干燥塔的上部进风较大，使用预结晶器的循环风。其加热器单独设置，主要目的是对切片加热。下部进风使用新鲜干热空气，主要目的是干燥去湿。干燥塔身外绕有加热电阻丝，可在开车时，或其他必要时对塔身加热。

20.4.3　川田式干燥塔

川田式干燥塔为中间进风型。塔中心通有一根干热空气管，管子的末端在干燥塔的锥体部分，呈喇叭口状，热风沿喇叭口四周向外送风。中间送风可使热风与切片的接触均匀性提高。热风管喇叭口既起送风作用，又可分流切片。其分流作用使切片向下成柱塞流流动，避免了切片在中心部位下料过快、外围部分下料慢而造成的停留时间不均匀现象。

属于紧密充填型的干燥塔还有多纶式、来新式，它们均从下部进风，在此不一一详述。

20.4.4　布勒式干燥塔

布勒式干燥塔内部切片不完全充满，留有一定的空间。根据其特征，布勒式干燥塔常被称为屋脊式、缝式干燥塔。

布勒式干燥塔内由3~4段组成，每一段内装有一行行类似屋脊的挡板（人字形）。屋脊式挡板交叉排列，切片沿着上面一层屋脊的边沿滑下以后，落到下面一层屋脊的顶上,再顺着边沿滑下去。从塔顶到塔底,切片一直按这种方式运动。

每两层上下排列的屋脊式挡板为一组,形成干燥热风进入和出来的回路。热风从下面一层屋脊下的空间进入,沿着相邻两个屋脊边沿间的狭缝上升,进入上一层屋脊下的空间内,最后集中于这一段的另一端进入上面的一段。每一段的一侧为进风,另一侧为出风。上面一段的进风侧与下面一段的出风侧互相连通。

从上面的设备结构可以看出,布勒式干燥塔内切片与干热空气的接触比较特别。如以段为单位,切片气流是一种大的逆流;在每一段内,切片自上而下所接触的都是一样条件的干空气。每一段内,送风屋脊与回风屋脊间切片与气流有一小的逆流接触,这种接触方式有利于切片的干燥。另外,从屋脊上滑下的切片多次分流,可以有效地进行混合,更有利于干切片的均匀一致。

20.5 热风系统

气流干燥设备的热风系统可分为两部分,一部分是预结晶器用热风,另一部分是干燥塔用热风,这两部分既有相对的独立性,又互相联系。

预结晶器用热风系统有三种型式:新鲜风式、干燥塔回风式和循环风式。

1)新鲜风式

国产多纶式预结晶器热风系统为新鲜风式。其流程是这样的:新鲜风来自为整个干燥用风所设置的冷冻脱水器,经与预结晶器排出风进行换热后,再通过加热器加热到工艺设定温度;热风进入预结晶器后,从顶部排出;顶部设有引风风机,有利于排出回风;排出的回风经旋风分离器除去粉末,再进入热交换器,把余热传给即将进入的新风,最后排入大气。

该新鲜风系统的特点是含湿量比循环风低,有利于切片在预结晶过程中脱除水分和防止切片产生水解降解。冷冻脱水器用冷冻水温度 $1 \sim 3^{\circ}C$,脱湿后空气的露点为 $3 \sim 4^{\circ}C$。另外,进风中不含粉尘,可防止使用干燥塔回风或循环风的粉尘对切片造成二次污染。加之顶部引风机的抽吸,预结晶切片的粉尘含量少。

2)干燥塔回风式

KF式和川田式干燥设备等均为干燥塔回风式。KF式的预结晶器直接和干燥塔连在一起,干燥塔排出的回风立即进入预结晶器,然后被塔顶风机抽出,经旋风分离和换热后排入大气。在预结晶器用热风系统中,KF式最为简单。

川田式干燥的预结晶热风系统与KF式有所不同。从干燥塔出来的回风先进入袋式分离器除去粉尘,然后经风机送入加热器加热,再进入预结晶器,然后从顶部排出。排出的风经袋式分离器除去粉尘后,进入水冷却器、风机、分子筛吸湿筒等组成的干燥塔循环风系统。

3）循环风式

布勒、来新、吉玛等预结晶器的热风系统均为循环风式。其基本流程是：从预结晶器出来的回风先经过旋分离器除去粉尘，然后用风机送入加热器加热，再进入预结晶器。在这个流程的基础上，对于如何补充新风，如何进一步除去粉尘，不同公司的设备有不同的设计。

在循环风的使用中，随着时间的增加，循环风的含湿量会逐步增高，为此，必须排放掉一部分循环风，并补充一部分新风。布勒式采用大气作为补充风源。在预结晶的上方出风口处设置一个带过滤罩的吸风口，当风机从预结晶器吸出的风量不足时，大气就从吸风口进入循环系统进行补充。排风口设在风机的出口处，可以用阀门调节排风量的大小。

来新式和吉玛式采用干燥塔的回风作为补充风源。干燥塔的回风和预结晶器的回风合并在一起进入旋风分离器。排风口设在风机出口处。

在进一步除尘方面，来新式增设有过滤器，循环风经旋分离器除尘后再过滤一次。

20.6 操作要点和注意事项

20.6.1 投料和筛料

投料和筛料是气流干燥的重要准备工作。投料时要注意批号、产地、切片品种，千万不能搞错。破包、散包、包装与原来不一样的一定要经过严格检查，并经工艺技术人员认可后才能投入。投料之前要做好包外的清洁工作，并逐包打开检查里面的情况。

使用风机或压缩空气输送时，注意先打开风机或压空阀门，后进行送料。关车时先停送料，后停风机或关压缩空气阀门。

筛料时要经常检查，防止筛料过多使切片溢出，如有异常情况，要立即停车。筛料机网眼易堵塞，要定期清理。

20.6.2 干燥设备的开停车

干燥设备的开停车因设备不同在操作步骤上有所不同，但都必须把握住如下要点。

（1）先开冷风，后开加热器，待热风温度达到工艺要求后，再启动进料阀门进湿切片。

（2）确保预结晶内切片不结块。使用充填式预结晶器时，要先开搅拌器；使用沸腾式预结晶器时，要注意调节气流状态。

（3）确保预结晶过的切片不会在干燥塔内粘连结块。预结晶达不到要求的切片在干燥塔内会粘连结块，堵塞干燥塔或堵塞管道造成螺杆脱料。干燥塔内结块是严重的生产事故，应当杜绝产生。造成粘连结块的原因是切片的结晶度未达到要求。为此，必须严格控制预结晶温度和切片的停留时间。开车时不可进料过快。使用充填式预结晶器时，要特别注意预结晶的质量，最好在开车时使用预结晶过的切片，这样可确保万无一失。

（4）尽快使干切片的含水率达到工艺要求。开车过程中，可能会出现一些设备、仪表方面的故障，有时会手忙脚乱。不管如何，操作者要头脑冷静，及时注意各工艺参数的变化，按照工艺要求控制好干燥过程，以尽快使干切片含水率合格。

（5）遇事故紧急停车和按计划停车。在突然停电时，将电源开关拉掉，将切片进料关掉，视情况将预结晶器内的结块料取出或设法粉碎之，待来电以后再进料。

按计划停车时，先停进料，待预结晶器内切片充分结晶之后，再关电加热器，最后关风机或压缩空气阀门。如需要干燥塔全部排空，待料全部用完后进行热风系统的关车。

20.6.3　主要控制参数

干空气露点：−60 ~ −80℃；

干燥进风量：（F1）160 ~ 170Nm³/h；

预结晶出风温度：150 ~ 160℃；

预结晶加热温度：160 ~ 180℃（不允许低于140℃）；

干燥风温：160 ~ 180℃（不允许低于150℃）；

干燥时间：4 ~ 6h；

分子筛干燥器：用时间控制。

20.7　切片脉动结晶连续干燥机（WSBM）

20.7.1　概述

随着化纤长丝POY、FDY、BCF、短纤PSF、无纺布、薄膜胶卷、工程塑料等行业的发展，各生产厂家不再满足于间歇式的干燥。间歇式干燥虽然操作简单，但其操控难度大，各批次的含水率等有波动，人力成本高，稍有不慎下游纺丝就会出现毛丝、断头等现象，严重影响和制约了生产厂家的经济效益。为此万盛公司在吸收国内外先进技术的基础上，研制和开发了拥有自主知识产权的低熔点切片干燥、再生瓶片及泡料干燥、PLA阻燃切片干燥等11项专利，如切片沸腾连续干燥机（WSFR）、切片脉动结晶连续干燥机（WSBM）、瓶片连续干燥机（WSKFF）、锦纶切片连续干燥机（WSPD）。上述干燥机已广泛用于国内外化纤公司，使用企业不仅取到了优良的纺丝产品，节省人力、降低了成本，提高了经济效益而且降低了能耗，更加节能环保。本节以切片脉动结晶连续干燥机（WSBM）为案例说明。

20.7.2　设备简介及流程

WSBM连续干燥机由脉动结晶系统、干燥塔系统、分子筛除湿机、电气PLC（或DCS）控制等组成。其结构更简单，空气除湿效果更好，切片干燥效果更理想。

预结晶系统：热风循环系统取消了用室内空气作为预结晶器的补充空气，而将部分干燥排风通过结晶器和干燥塔的连接管直接补充至结晶热风系统，多余的热风在结晶风机入口前排至室外。由于干燥空气的露点较低，干燥排风的含湿量也相对较小，因而既节能又提高了干燥效果。

主干燥系统：干燥塔为圆形截面的充填干燥机。除湿后的压缩空气经减压、加热后，从干燥塔下部送入，在塔内分配器的作用下，均匀地向塔四周喷射。在压力的作用下，大部分空气向上流动，与自上而下运动的切片逆向进行热交换，使切片完成脱水干燥，最后由塔顶进至预结晶系统，小部分气流随切片向下流动，最终从挤压机入口处带阀门的放空管排空。该部分气流在此排空的作用有：一是为了保证干燥后的切片能够顺利地流入挤压机入口；二是防止切片降温和吸湿。排空的气流量由放空阀控制，一般为总量的10%，压力为10^3Pa。改造后的干燥塔具有结构简单、热风分布均匀、切片在塔内停留时间差异小、干燥均匀性好等特点。以低露点（-50℃以下）的压缩空气为干燥介质，干切片含水率可达到2.5μg/g以下。

空气除湿器：主要有两个热再生式的分子筛充填干燥机组成，气源为0.6MPa以上的减湿压缩空气（露点-10℃以下），压缩空气的耗量根据干燥塔规格和产量而变化，一般为5~10Nm³/min。控制系统自动控制气动薄膜切换阀的启闭，使压缩空气经过一个分子筛干燥器进行除湿。除湿后其露点可达-50℃以下（最低可达-80℃）。约10%的低露点空气通过单向节流阀为另一个分子筛干燥器再生，再生的热量由电加热器供给。另外90%的低露点空气通过减压阀减压后，再经安全放空阀、射流管进入干燥加热器，被加热到设定温度后进入干燥塔。

20.7.3 主要技术参数

生产能力：1000kg/h；

结晶进风温度：160～180℃；

结晶时间：≥30min；

干燥系统进风温度：160～180℃；

干燥时间：6h；

干空气露点：≤-70℃；

干燥后切片含水率：≤2.5×10^{-3}%（25μg/g）；

压空容量：10Nm³/min（0.6～0.7MPa）。

20.8 结语

在干燥技术装置系统上，不仅预结晶、干燥塔等方面采用更加节能环保的新理念，而且控制技术方面采用智能全自动，达到干燥切片（瓶片）含水率低且稳定，确保生产出高品质的纺丝等产品。

近几年来，国内外近百套切片（瓶片）脉动结晶连续干燥机（WSBM）系统在化纤长丝、短丝、无纺布、工程塑料等行业中应用。虽然各个行业中都是一次性开车成功，但要使WSBM连续干燥机在各领域发挥最佳，还需要各领域的技术人员认真仔细地根据自己的切片（瓶片）特性，对各个指标进行优化，使系统真正实现"本土化"，使得干燥后的切片（瓶片）的各项指标能长期稳定在优良状态。

第21章

聚酯切片金属探测分拣技术

21.1 概述

聚酯切片在下道工序使用前，必须先进入金属检测，否则，金属异物进入系统会出现如下危害：堵塞喷嘴及熔体过滤器；堵塞热流道及模具注入口；损坏塑化螺杆、喷嘴、止回阀、汽缸、炮筒；夹杂在成品中间，导致不合格；严重时会导致停机故障和生产事故。因此，必须要考虑利用金属分拣技术，安装金属分拣机保证生产正常，产品满足用户要求。

21.2 技术原理

采用电磁感应原理，用于检测并自动分离聚酯切片（或者塑料原料、回料）中的磁性及非磁性金属杂质（如铁、铜、铝、不锈钢等金属杂质），即使金属内嵌于产品中也能被检测并分离出来，最小可检测并分离出 $\phi0.2mm$ 的金属颗粒，检测精度可根据生产需要进行调节。科瑞奇（Korich）金属检测分拣机是中国唯一一款引进德国核心技术的金属检测分拣机。

21.3 流程说明

原料从料斗或送料器自由下落进入金属检测分拣机，如果没有金属杂质，原料会直接通过金属检测分拣机流向下端的出料口。如果检测器检测到原料中含有金属，金属颗粒会改变原来探测线圈产生的高频电磁场，控制电脑会计算该信号并给排除装置的电磁阀和汽缸一个脉冲信号，执行汽缸立刻启动排除翻板将金属颗粒和部分原料一起导向侧面的排料口，然后排除翻板迅速恢复至正常的位置，排除翻板速度可调，见图21-1。

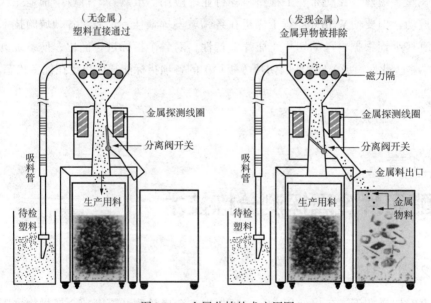

图21-1　金属分拣技术应用图

21.4 金属分拣技术应用的优点

（1）保护注塑、挤出等设备免受聚酯切片（或者塑料颗粒等）中金属杂质的损害；

（2）防止模具、热喷嘴和阀门的损坏；

（3）减少了因溶体过滤器和喷嘴的堵塞而引起的设备故障和生产停工时间；

（4）减少浪费，使原材料得以充分利用，降低生产成本的同时提高生产效率；

（5）提高塑料制品的质量；

（6）防止顾客受到伤害，从而防止公司信誉受损，避免伤害索赔。

第22章

聚酯切片离子风静电消除技术

22.1　概述

化工料仓燃爆事故大多是由粉尘、可燃气体、静电三者共同耦合作用而产生的，理论上排除其中任何一项，都可以达到消除危险的目的，但在具体操作上难度很大，仅靠工艺脱气措施等难以完全消除料仓静电燃爆风险。例如，对于大型聚烯烃装置，在聚烯烃粉料造粒后，粒料产品的输送速度快、流量大，造成粒料进仓时携带大量静电。根据国内同类设备起电检测［如A石化厂LDPE（低密度聚乙烯）装置、B石化厂LLDPE（线性低密度聚乙烯）装置的掺混料仓风送物料静电荷质比平均值分别为$-1.79\mu C/kg$和$-4.3\mu C/kg$］，其起电量比沿面放电临界荷质比（$0.1\sim0.3\mu C/kg$）高很多，料仓内料堆表面存在频繁的沿面放电或火花放电现象。若此时料仓内粉尘和可燃气体混合物超标，沿面放电就可能引起料仓燃爆。为了防患由静电放电引起的料仓燃爆事故，中国石化安全工程研究院开发了用于消除石化粉体静电的离子风静电消除系统，并引入聚烯烃行业来防治料仓燃爆，同时在石化粉体包装领域也采用了该技术，解决了包装操作静电电击和粉尘吸附问题。

22.2　离子风静电消除器及控制系统简介

主要设计思路是在料仓进口处加装离子风静电消除器以消除进入料仓物料所携带的静电荷。常用的离子风静电消除器是利用高压电场作用于放电极（离子针），通过尖端高压电晕放电使空气局部电离，生成大量单极性或双极性离子，再由仪表风或工艺风将正、负离子吹送到管道中，利用"离子风"中和物料表面的电荷。

22.2.1 静电消除系统构成

离子风粉体静电消除系统由工作站、PLC系统控制柜、分控箱、静电消除器和静电监测器构成，相应系统如图22-1所示。

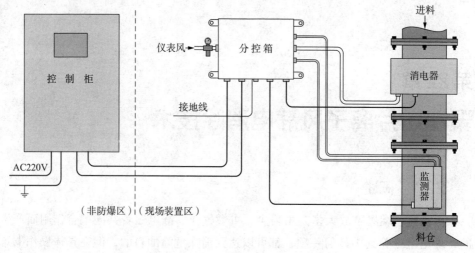

图22-1 离子风粉体静电消除系统图

离子风静电消除系统使用时需要与现场设备和仪电操控系统对接，可按"消电器—监测器—分控箱—控制柜"设计，相应系统包括以下方面。

（1）粉体静电消除器（简称消电器）：消电器本体内置正、负极性高压发生器（高压模块），输出电压受控于PLC的输入端。

（2）粉体静电监测器（简称监测器）：监测器由电荷采集器采集物料，利用法拉第筒原理测量物料带电量，气动式电荷采集器和测量开关均受控于PLC的输入端；电荷变送器采用标准信号输送，通过PLC处理后直接显示单位质量电荷量（μC/kg）。

（3）现场控制箱（简称分控箱）：分控箱为一个不锈钢箱，将控制室的控制信号及压缩空气分配给消电器与监测器。

（4）PLC控制柜：控制柜内控制器对现场信号进行采集、处理、调整。

22.2.2 工作原理

离子风静电消除系统采用国际上最先进的不平衡式双极性离子风消电技术，可通过PLC控制系统独立调节"正""负"离子风浓度，并借助静电监测器监测结果适时调整，以达到最佳中和配比和消电效率（其消电效率高达90%以上），可以显著改善聚烯烃装置料仓静电燃爆的风险状况。图22-2和图22-3是离子风静电消除系统在某LDPE、PP、PS（聚苯乙烯）、LLDPE等装置上使用的运行记录，消电效率＞90%，剩余电荷量≤0.3μC/kg，满足现场的安全生产要求。

22.2.3　PLC控制系统的介绍

SIMATIC S7-300 PLC系统是德国西门子公司采用先进的微处理器技术、控制技术、人机接口技术和网络通信技术而推出的PLC系统，是基于在世界范围内得到广

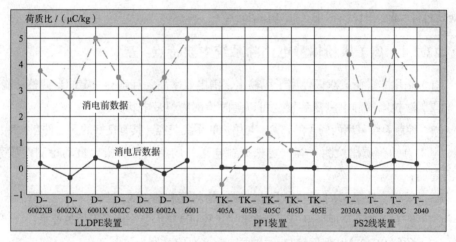

图22-2　某企业LLDPE、PP、PS料仓消电器使用数据图

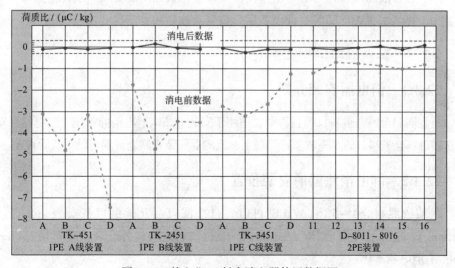

图22-3　某企业PE料仓消电器使用数据图

泛应用的SIMATIC系列硬件。其中选择的CPU315-2DP可编程控制器具有中、大容量的程序存储器和数据结构，对二进制和浮点数运算具有较高的处理能力，在具有集中式和分布式I/O的生产线上作为集中式控制器用，PROFIBUS DP主站/从站接口用于大量的I/O扩展，用于建立分布式I/O结构在PROFIBUS上实现等时同步模式。

静电消除装置主要由消电器和监测器及PLC构成。消电器本体内置直流正、负极性高压发生器（高压模块），输出电压受控于PLC的输入端。高压模块输出端通过限流电阻连接放电针组件。放电针组件通过正压气流将电离气体吹入物料管线内。监测器本体在管道侧壁设有定容式电荷采集器。气动式电荷采集器和测量开关均受控于PLC的输入端；电荷变送器采用标准信号4~20mA输送，通过PLC处理后直接显示单位质量电荷量（μC/kg）。

22.2.4 离子风粉体静电消除系统主要特点

（1）采用非平衡式双极性离子风输出，消电效率高，且具有一定的自调整功能；

（2）法拉第筒静电测量装置，可以随时检测物料带电状况；

（3）控制系统采用西门子的PLC，与用户的系统兼容，具有良好的元器件互换性；

（4）自动荷质比检测，客户可根据料仓送料周期设置荷质比自动检测次数和检测周期；

（5）采样、测量采用无阻挡设计，风送物料顺利通过无阻挡；

（6）所有设备满足现场温度、湿度要求，保证3年内免维护和无故障要求；

（7）预留RS485/以太网接口，方便与DCS通信联网；

（8）远程故障诊断，可随时检查设备在线运行状况及设备故障预警信息；

（9）可从手机APP随时查询设备运行数据及故障预警信息。

22.3 料仓静电治理案例介绍

22.3.1 消电器安装方案

料仓阀门至料仓进料口垂直管段，适用于安装分离式静电消除系统。消电器可安装在靠近料仓进料口的水平或垂直管段上，监测器安装在料仓进料口的垂直管段上。

22.3.2 静电消除器的安装位置

在某掺混料仓D-5301A/H进料口、自掺混口、互掺混口各安装一套直径250mm（10in）消电器本体，在D5501A/D包装仓进料口各安装一套直径350mm（14in）消电器本体。

消电器本体的筒体、法兰材质为304不锈钢，防爆等级Expy IIB T4Gb/Ex PD21 IP65 T130C，连接法兰符合ASME B16.5 150lb标准。标准消电器规格的长度为400mm（消电器长度也可以根据现场的实际情况适当调整）。

22.3.3　监控器的安装位置

在掺混料仓D5301A/H进料口、自掺混口、互掺混口垂直进料管上各安装一套直径250mm（10in）静电监测器本体；在D5501A/D成品仓进料口各安装一套直径350mm（14in）静电监测器本体。

监测器本体的筒体、法兰材质为304不锈钢，连接法兰符合ASME B16.5 150lb标准。标准监测器长度为400mm，长度也可以根据现场的实际情况适当调整。

22.3.4　控制系统的安放位置

控制柜安放在机柜室内，工作站安放在中控室内。工作站与PLC控制柜采用以太网通信方式连接。

22.3.5　供气系统介绍

每套消电设备从仪表风主管线［直径25mm（1in）］经气源切断阀、过滤减压阀、气源转换球阀（$\phi 10$）引入两路仪表风至分控箱，在分控箱内经电磁阀分别连接至消电器和监测器。供气系统的原理图见图22-4。

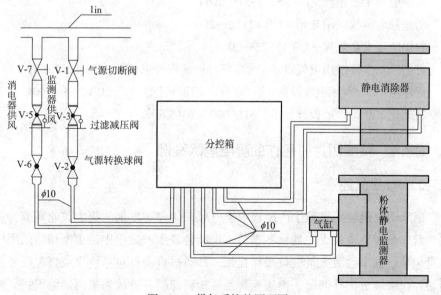

图22-4　供气系统的原理图

电磁阀选用SMC低温电磁阀（两位两通）和SMC低温电磁换向阀（五位三通），分控箱防护等级为IP65。

在掺混料仓D-5301A/H每个料仓顶部平台护栏处，各安装一个分控箱，每个分控箱分别控制3套消电器和监测器，分控箱与料仓进料口直线距离不大于10m。

在包装仓D5501A/D每个仓顶仓平台护栏处，各安装一个分控箱，每个分控箱分别控制1套消电器和监测器，与料仓进料口直线距离不大于10m。

22.3.6　设备运行环境、条件及技术指标

1）运行环境、条件及技术指标

静电消除器防爆等级：Expy IIB T4Gb/Ex PD21 IP65 T130C；

分控箱防护等级：IP65；

可用于室外环境：-30~70℃，湿度0~100%RH；

可适用室内环境：50~40℃，湿度35%~85%RH；

正负离子风调节范围：0~±200μA；

消电后物料荷质比：绝对值小于0.3μC/kg；

测量范围：-12.5~+12.5μC/kg，测量误差≤10%；

静电监测器识别率：0.01μC/kg。

2）设计依据及应用标准

石油化工粉体料仓防静电燃爆设计规范　GB 50813—2012；

防静电安全技术规范　Q/SY 1431—2011；

防止静电事故通用导则　GB 12158—2006；

粉尘防爆安全规程　GB 15577—2007；

可燃性粉尘环境用电气设备　第1部分：通用要求GB 12476.1—2013；

爆炸性气体环境用电气设备　第5部分：正压外壳型"p" GB 3836.5—2004；

石油化工静电接地设计规范　SH 3097－2015。

22.4　聚酯切片打包作业静电消除案例

22.4.1　概述

聚酯切片包装是聚酯生产过程中静电对人体危害发生的集中作业环节，一般在气候干燥时危害最大，如秋冬季节。聚酯装置生产过程中，聚酯切片采用吨袋定量包装，其中包装人员进行操作挂带，并通过自动打包系统完成打包任务。聚酯切片包装袋分内外两层，内层为聚乙烯塑料薄膜，外层为聚丙烯编织袋。静电

产生主要有两个环节：一是用于包装切片的打包袋（在制作、运输、搬运、包装过程中）本身会产生静电；二是在聚酯切片装袋过程中带电物进入袋内，造成包装袋表面高电位（可达 100～300kV），致使人工操作时经常发生包装袋静电打火现象和操作人员遭电击事件，同时因切片及包袋携带静电会吸附灰尘，对产品质量造成不良影响。

为解决聚酯切片包装过程静电打火及人体遭受电击问题，从物料、料袋和人体静电三个方面进行静电消除，开发了组合式聚酯包装静电消除系统，并对聚酯切片包装线进行消电系统安装改造，改造后包袋外部表面的静电位比改造前下降80%以上，且小于15kV，取得了良好的应用效果。

22.4.2　技术改造方案

1）静电消除原理

为控制聚酯切片包装过程中物料及包装袋表面静电，可采用电荷中和原理，用与物料及包装袋所携带电荷极性相反的离子来中和相应静电荷，并控制在安全量以下。因此，可分别采用管道静电消除器及表面静电消除器，降低或消除物料在进入包装袋之前及包装袋表面所携带的静电荷。

2）静电消除系统安装设置方案

组合式聚酯切片静电消除系统主要由控制箱、管道静电消除器和表面静电消除器等组成，现场布置简图如图22-5和图22-6所示。

组合式聚酯切片静电消除系统：①打包机下料口安装一套管道式离子风静电消除器，用于消除聚酯切片自身携带的静电；②在打包机四根立柱位置设置一套表面离子风静电消除器，用于消除包装袋表面静电；③在打包机操作台上设置一台人体静电消除器，用于消除操作人员人体静电；④现场配置一个控制箱，用于控制和调节管道静电消除器和表面静电消除器运行。

3）静电消除器安装

控制箱：控制箱安装在包装现场。

管道消电器：管道消电器安装在包装下料口，垂直安装，总长度350mm；将下料口圆管截断后消电器上方法兰与过渡管下方法兰连接，下料口截断圆管与消电器下方圆管焊接，消电器内径保持与下料管一致。

表面静电消除器：表面静电消除器安装在吨袋四周对角处，长度约1500mm，地面安装，布置如图22-6所示。

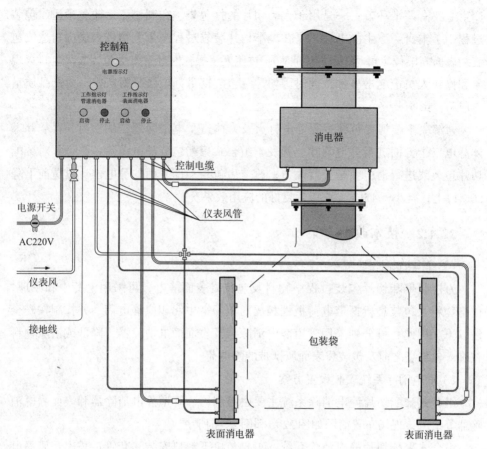

图22-5　现场布置及结构图

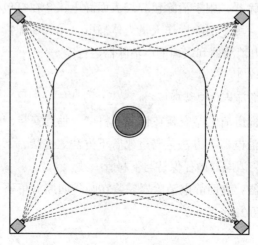

图22-6　表面消电器布置图

22.4.3　组合式静电消除系统技术指标

1）技术特点

①采用非平衡式双极性离子风消电系统，消电效率高；

②离子风中和系统有限流保护和防潮、防尘保护，可靠性高；

③正压通风保护系统设有限压阀和失压断电保护以及通电前换气延时保护；

④结构设计符合石化设备要求，便于安装、操作和维护。

2）主要技术指标

离子风调节范围：0 ~ ±100μA；

消电后表面电位：< 15kV；

人体静电电位：< 3kV；

仪表风消耗量：3 ~ 5m³/h（0.3 ~ 0.7MPa）；

使用环境温度：-10 ~ 80℃；

使用环境湿度：0 ~ 100%RH；

消电距离：≤ 500mm（表面静电消除器）。

22.4.4　安全环保和职业卫生

本项目改造在原有聚酯区域内进行，项目的实施不引起该区域环境因素、职业卫生危害因素以及消防器材配置需求的变化。项目完全依托现有安全、环保、消防及职业卫生设施和管理体系，现有设施和体系能够满足项目需求。

22.4.5　实施结果

2017年11月，对于中国石化聚酯切片包装生产线料袋表面静电消除项目，中国石化安全工程研究院对聚酯装置切片打包机安装的组合式静电消除系统进行了测试。

采用静电场测试仪EFM-022（量程为0 ~ ±200kV），在聚酯切片包装过程中对包装袋表面静电电位进行现场测试。以包装袋为一个单位，在每个包装袋上测量2点数据加权平均，即为包装袋表面电位值。测试环境条件：温度15 ~ 18℃，湿度19% ~ 26%RH。在聚酯切片一次打包过程中，仅测试1次关闭或开启静电消除系统时包装袋表面电位。相关测试如表22-2所示。

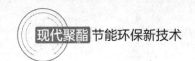

表22-2 静电消除系统关闭或开启状态包装袋表面电位测试数据表

聚酯切片10#打包机测试记录			
环境温度	15～18℃	环境湿度	19%～26%RH
序号	料袋表面电位/kV		备注
	静电消除系统运行前	静电消除系统运行后	
1	＞200	+6.9	
2	＞200	+8.2	
3	＞200	−7.0	
4	＞200	−2.0	
5	＞200	−2.3	
6	＞200	+5.0	
7	＞200	−7.0	
8	＞200	−4.5	
9	＞200	+4.6	
10	＞200	+2.7	
11	＞200	+3.0	
12	＞200	+5.6	

从表测试数据可以看出：①组合式静电消除系统未开启，检测的包装袋表面静电电位远高于30kV的安全指标；②组合式静电消除系统开启运行后，检测的包装袋表面电位均低于30kV，小于人体产生电击感的最小电压值。

22.5 结语

聚酯切片打包机安装组合式静电消除系统后，经过对比测试，包袋表面电位可有效控制在15kV以下。开启组合式静电消除系统后，没有操作人员反映接触物料切片和包袋有电击感。因此，静电消除系统在聚酯切片打包机的安装运行，基本消除了物料、料袋及人体静电，解决了打包作业静电打火和电击问题，避免包装岗位操作人员为静电伤害，消除了精神上的紧张感，提高了工作效率，保障了职工的身心健康和人生安全，创造了一个良好的工作环境。

第23章
聚酯瓶回收利用技术

23.1 概述

聚酯主要用途有：纺织纤维、塑料瓶、薄膜和工程塑料。由于PET材料的良好阻隔性使其成为各种碳酸饮料、果汁、奶乳制品、茶饮料、矿泉水等食品和饮料最主要的包装材料。在我国，目前所有的PET塑料瓶全部是由从石油中提炼的原生PET原料制造而成，每年高达3Mt的PET塑料瓶产量消耗了超过18Mt的石油，同时也造成了巨大的环境压力。PET塑料瓶的再生利用，有利于节约资源，保护环境。

据报道，2016年欧洲市场的3147kt PET瓶和容器中，回收率达到了近60%（1882kt）。与2014年相比，回收产能增长2.5%，实际处理量增长7.2%，实际加工的处理量1773kt，名义投入量2147.6kt。2016年行业平均运营率接近83%，而2014年为79%。但随着对洋垃圾的管控，我国的回收产业会有一个好的发展机遇。

众所周知，目前消费过的PET瓶主要回收利用于纺织品、毛毯、被单等的加工制造。瓶级PET比其他等级PET具有更高的质量及使用性能，因此回收利用的PET产品可以实现更高的价值。但相对于回收用于纺织品等，再用于吹瓶的回收PET需要有更高的聚合度和机械性能。为实现这一目的，需要一个特殊的工艺——固相缩聚工艺即SSP（Solid State Polymerization）工艺。PET碎片的价值能够通过SSP工艺进一步得到提升。SSP可以提高聚合度，增加PET的性能。被回收的PET瓶片（见图23-1），通过

图23-1 PET饮料瓶图片

SSP系统加工处理后，可转化为高质量的工业材料、建筑材料、以及较一般聚合度更高的PET瓶片。

23.2 瓶级切片回收再制造的流程

1）空瓶的回收

清洁工或者拾荒者收集空瓶，交至或卖至废品回收站。

2）捆压打包

废品回收站将集中后的纯净水瓶或者饮料瓶首先挤压以减少空间，然后进行捆绑打包，便于运输，见图23-2。

3）开包和分拣

废品回收站将大批量的捆压包装后的回收空瓶送至回收工厂，工厂进行拆包，并投入分拣机。金属、PVC瓶和有色的PET瓶通过人工或者专业的分拣机进行分离。

4）粉碎和商标带的分离

无色的PET瓶进入粉碎机，并粉碎至8～10mm的碎片。这个阶段，如果有部分的商标粘附在瓶身上也将被一起粉碎见图23-3。不过，粉碎后的商标质量很轻，在进入下道洗涤工序前，可通过气力吹扫的方式将其分离。

图23-2　捆压打包后的PET回收瓶

图23-3　粉碎后的PET碎片

5）碎片的洗涤

PET碎片通过热碱水进行洗涤，通过洗涤可将碎片表面可挥发和不可挥发的污染物去除。

6）重力分拣和碎片的脱水

在粉碎过程中难免会有部分的瓶盖碎片，或者瓶环的碎片。进一步可通过瓶盖和瓶环的碎片与PET碎片的密度和浮力不同，在清水中进行分离。分离后的清洁PET碎片再离心脱水。

7）结晶干燥

无论是将这些PET碎片用于纺丝，或者通过SSP艺重新吹瓶，这些瓶片都必须通过加热提高其结晶度和降低含水率至一个可接受的水平，这个工序就是结晶干燥。

8）SSP固相缩聚

结晶干燥后的热PET碎片进入SSP反应器。通过SSP反应器增大PET的分子量，以达到提高其可塑性和机械性能的目的。

尤其是用于再吹瓶的PET碎片，必须通过SSP工艺将其分子量提高至与未使用过的瓶级切片相当的程度，这样才能保证再吹瓶的良好纯净度。

9）挤塑加工

SSP固相缩聚后的PET碎片即可用于吹瓶，或者重新造粒。

23.3　磨粉技术

1）概述

MF系列磨粉机是一种适用于合成树脂、食品、化学药品等中、低等硬度物料的粉体加工设备。该设备具有结构紧凑合理、能耗低、效率高、安装维护方便等优点。因此，该技术应用于聚酯熔体浆块破碎回用。

2）技术原理

MF系列磨粉机的主要部件有：主机、风机、旋风分离器、振动筛、除尘器以及配套输送管道。主机内部安装有一副齿盘，动齿盘在电机的驱动下高速旋转，与定齿盘组成破碎研磨副。当物料由加料斗和喂料系统定量喂入研磨主机时，物料在动齿盘和定齿盘产生的强大剪切和冲击作用下逐步细化。细化后的物料通过风机的负压输送至旋风分离器卸料；由于细化过程是一个概率事件，没有办法确保此时的物料均达到细度要求，需要通过振动筛来筛选出符合要求的物料，不达要求的物料须返回研磨主机进行二次加工。

3）工艺说明

该设备进料尺寸要求小于10mm，如果物料尺寸较大，须预处理；符合进料尺寸的物料通过加料斗和喂料系统进行定量喂料，将物料喂入研磨主机。物料经细化后通过引风机的负压输送至旋风分离器中进行卸料；然后通过振动筛进行筛分，符合细度要求的物料直接装袋，不符合的物料自动再回到研磨主机进行二次加工。

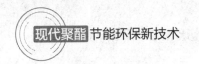

23.4 结语

当前，在中国境内，无论是政府机构、民间组织，还是普通人都强烈意识到环境污染带来的诸多问题，从政府角度出发，提出走持续发展道路、施行绿色GDP战略。PET瓶的回收不仅保护环境，而且降低对石油资源的需求压力，更是节约了资源、降低了生产成本，真正符合了持续发展、绿色发展的要求。

第24章
涤纶长丝废丝循环再生技术

24.1 概述

涤纶长丝废丝是在聚酯化纤行业生产中必然产生的废料。在涤纶长丝废丝处理的过程中，获得PET新原料中间单体是再生聚酯技术开发的方向，其中关键是中间物（BHET）的获取，重点在于深度除杂净化技术和微波解聚技术，进而完全实现涤纶长丝废丝闭环循环回收。

24.2 TWT系统简介

聚酯再生技术作为再生聚酯技术前沿科技，为国际上首创。该技术比目前主流的废丝再生聚酯技术更为先进，更具经济性、节能型和环保性，是国家重点鼓励的节能环保技术。聚酯再生技术的应用拓展将对再生聚酯行业带来大的冲击，有利于改变我国再生聚酯行业高耗能、低附加值这种粗放式的能源利用局面，带动再生聚酯行业转型升级。

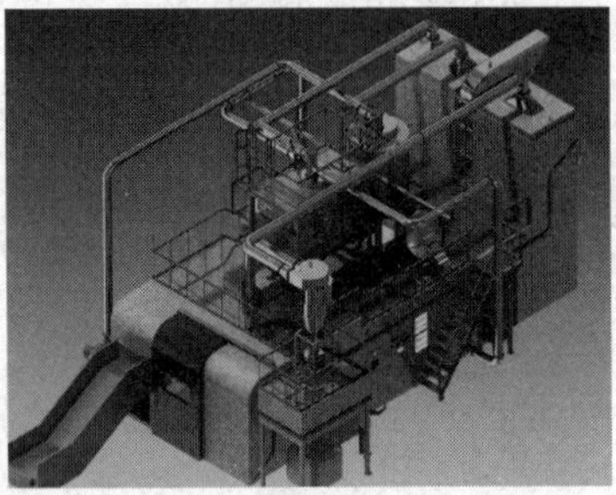

涤纶长丝废丝循环再生系统设备［TERYLENE WASTE TERMINATOR（以下简称TWT）］是一种先进的废丝回用技术，是一种对涤纶长丝废丝进行高清洁度无水净化，对之进行微波作用，获得"对甲二酸乙二酯多聚体"的系统性工艺技术系统，见图24-1。

TWT系统设备会推动BHET聚酯再生技术装

图24-1　回收装置系统流程图

备的产业化，包括微波净化设备的研发和产业化，及微波降解后获得"对甲二酸乙二酯多聚体"的技术装备产业化。BHET聚酯再生技术不仅可用于聚酯类材料的回收再生，还可用来生产高纯度聚酯多聚体，作为聚酯生产的原料与PTA一起使用，它将作为一种新型经济的聚酯原料得到广泛应用，见产业链流程图24-2。

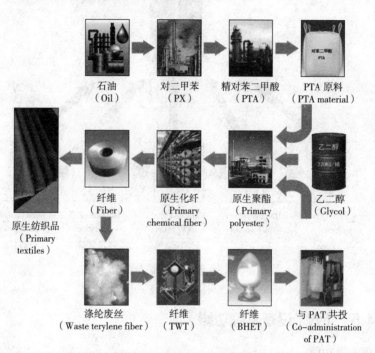

图24-2　全流程产业链图

24.3　TWT新工艺与传统泡料工艺对比

传统的泡料工艺	TWT技术
生产成本大于350元/t	生产成本小于300元/t
B值高、降解严重、低附加值	B值不变、高附加值
利润由废丝处理单位获得	利润由废丝产出单位获得
废丝清洗，产生大量污水	无清洗，无污水
成品为废纺短纤维	原生正品

24.4 TWT设备特点

TWT系统设备技术如图24-3所示。

TWT System Equipment Technology Integration

TWT 系统设备技术集成

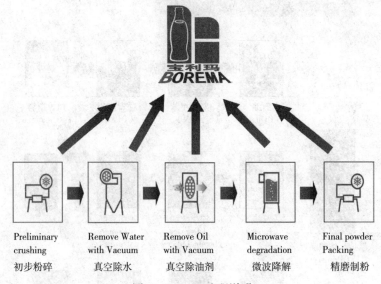

Preliminary crushing	Remove Water with Vacuum	Remove Oil with Vacuum	Microwave degradation	Final powder Packing
初步粉碎	真空除水	真空除油剂	微波降解	精磨制粉

图24-3　TWT流程说明

24.5 TWT设备系统功能

常规配置功能：

①气动、电动阀门切换由可编程序控制器自动控制；

②操作极为简单，采用了一键投用和一键停止的操作理念；

③TWT声光报警；

④TWT长时报警自动停机功能；

⑤现场工作人员安全保护；

⑥采用静音静噪措施；

⑦POY、DTY、FDY等品种切换一键操作。

可选配置功能：

①金属分离器；

②纤维团球磨刀机；

③精磨机隔音房；

④精磨机风机隔音房；

⑤精磨机磨刀机。

24.6　组成及工艺流程说明

主要技术指标：

①涤纶废丝处理量：300kg/h；

②产品纯度：≥99.99%；

③粒度：100~200μm。

TWT设备主要由以下部件组成：

①涤纶乱纤维团球部分；

②微波净化及降解部分；

③精细研磨部分；

④控制系统。

1）涤纶乱纤维团球部分

此步骤使废丝物料的输送和微波净化和降解处理成为可能。

一种处理涤纶乱纤维的切割团球设备能将杂乱无章的涤纶乱纤维（见图24-4）生产出直径大约10mm的短纤绒球（见图24-5），具有良好的流动性和输送性能。

图24-4　涤纶乱纤维团照片　　　　　　　　图24-5　短纤绒球照片

纤维团球机分为两级切割和研磨，具有效率高、运行稳定的特点。可满足企业工业化24h的运行条件。其中刀具部分采用了顶级的一线品牌，切割效果好，寿命长达两年。纤维团球机的进料部分采用皮带式进料，运行稳定。选配金属分离器，以提高设备的使用寿命。

2）微波净化降解部分

经过处理的废丝绒球被送入两个微波净化降解釜，在其中快速脱去水分和油剂。在真空的作用下（1000Pa）水分和油剂被抽出系统之外。涤纶绒球则在密集微波场的作用下，发生一定的降解反应，为后续的精细制粉提供前提条件。其中真空缓冲储罐的作用是：降低气流脉动，起缓冲作用，从而减小系统压力波动，使系统平稳运行，提高装置的负荷；同时，使微波釜压力很快上升到工作压力，保证了设备可靠稳定的运行。

3）精细研磨部分

聚酯废丝在微波的作用下强度大幅下降，为聚酯废丝提供了先决粉碎条件。宝利玛公司引进了意大利的先进粉碎技术，研发的粉碎机可以有效粉碎微波处理后的涤纶废丝。其优点一是转刀和定刀组成完美的剪切角，具有极高的粉碎效果；二是通过调整筛网规格可以控制产品的细度和产量；三是所有道具采用瑞士进口的耐磨材料，强度高、耐冲击，确保刀具在高转速切割条件下性能稳定，使用寿命长，同时可以多次研磨。

24.7　结语

废丝微波净化降解属于国家专利技术，是TWT系统中的关键技术之一。本设备可以在真空（1000Pa）的作用下，迅速蒸发废丝中的水分和油剂，无需水洗和使用清洗剂，具有绿色环保概念。该设备是宝利玛公司集二十多年设备研制经验精心设计而成，与传统的废丝净化工艺（先清洗再干燥，处理量低，净化效果差）相比，结构简单且紧凑，构思巧妙，突破传统设计。针对涤纶废丝传热速度慢的弊端，微波技术可以迅速使所有废丝表面的油剂和水分子蒸发，快速节能。特殊的微波布置设计，产生旋转的微波场使加热更加均匀，解决了涤纶废丝无法均匀搅拌的技术难题；利用微波对高分子化合物特殊的降解能力，迅速降低聚酯纤维的强度，为后续的精细粉碎提供必备的条件。

第六篇

公用工程系统节能环保技术

内容摘要： 本篇首先介绍了聚酯装置热媒系统的燃料利用技术，即重油替代原油、天然气替代重油、煤炭产生高压蒸汽加热热媒以及污水沼气送烧聚酯热媒炉技术；其次介绍了提高热效率的节能技术，即新型石墨空气预热器、干冰清洗、热媒炉管的喷涂节能、热媒管网热盾保温节能、热媒离心泵替代屏蔽泵等技术；再次介绍了环境保护项目热媒炉的低氮燃烧技术、热媒在线再生技术；最后介绍了管道不停输带压开孔封堵技术。

第25章

重油替代原油技术

25.1　概述

聚酯热媒加热炉的介质为氢化三联苯（Therminol66）。按照不同的制造厂家，热媒炉结构形式有所区别，见表25-1。聚酯装置热媒炉空预器最初的设计结构大多为单级板箱式换热器，这种形式的换热器使用后暴露出明显缺陷：一是排烟温度高，换热效率低；二是硫腐蚀现象严重，尤其是冷空气入口处换热板片易出现腐蚀穿孔。以聚酯装置5号热媒炉为例，该炉2003年10月更新后投用，2005年10月，因为腐蚀穿孔出现烟气氧含量偏高，运行效率下降，南侧清灰孔处和清灰孔盖板内侧也出现了腐蚀现象。2006年3月，将冷空气入口分配箱割开，发现空气预热器冷风入口处换热板片已全部腐蚀穿孔。由于腐蚀穿孔位置特殊，板片泄漏面广，现场无法进行彻底修复，空气预热器已处于报废状态，必须对空气预热器进行改造。

表25-1　热媒炉结构型式汇总表

制造厂	炉管型式	燃烧方式	空气预热器型式
德国	立式螺旋盘管9头双层并联	底烧	翅片式
11所	立式螺旋盘管6头三层串联	底烧	板箱式
廊坊	立式螺旋盘管9头双层并联	底烧	热管式
BERTRAMS	立式螺旋盘管两层并联	顶烧	片管式
BONO	卧式方箱形	侧烧	列管式

25.2　燃料状况

2005年前，原设计使用原油作为加热炉的燃料油，但是在2005年后，由于原油价格上涨，成本压力加大，同时对燃料进行结构调整，优质原油必须先进行提炼，为此改为180#重油作为热媒炉的燃料，重油技术参数见表25-2。180#重油属于中硫油。虽然燃料油中的硫组分能够燃烧并产生热量，但硫在燃烧后生成二氧化硫和三氧化硫，这些气体排至大气中会污染环境，其中一部分可与烟气中的水蒸气反应生成硫酸，对热媒加热炉排烟的低温段设备和金属烟囱产生腐蚀作用。

表25-2　燃料油的组分及物理性能表

燃料	180#重油
组分	C（85%），H（11%），N（0.7%），S（＜3.0%）
低位热值	41033 kJ/kg（9800kcal/kg）
密度（20℃）	0.940g/cm³
密度（50℃）	0.923g/cm³
运动黏度（50℃）	≤180mm²/s
运动黏度（80℃）	≤55mm²/s
凝点	≤30℃
闪点	≤60℃

25.3　加热炉热效率计算方法

工程上计算热媒炉热效率通常有两种方法：正平衡法和反平衡法。

正平衡法计算式：

$$\eta = \frac{Q_{YX}}{Q_{GJ}} \times 100$$

其含义是有效能量占总供给能量的比例，这一方法需计算燃料的发热量和热媒升温所需热量，要求对燃料和热媒进行精确计量。不同燃料发热量的差异、热媒物理性质随温度变化等因素给计算带来较大误差，因此在热媒炉的日常运行管理中进行热效率评价时一般不采用。

反平衡热效率计算基本公式如下：

$$\eta = \left(1 - \frac{Q_{SS}}{Q_{GJ}}\right) \times 100$$

其含义是在总供给能量中扣除热损失后即可得到有效能量。对热媒炉的实际运行中热损失情况作分析，可得到如下计算方法。

反平衡法简化计算式：

$$\eta = 100 - \eta_1' - \eta_2' - \eta_3'$$

$$\eta_1' = \frac{(8.3 \times 10^{-3} + 0.031\alpha)(t_g + 1.35 \times 10^{-4}t_g^2) + (5.65 + 4.7 \times 10^{-3}t_g)W - 1.1}{1 + 3.4 \times 10^{-4}(t_A - 15.6) + 0.0657W}$$

$$\eta_2' = \frac{(4.043\alpha - 0.252) \times 10^{-4}CO}{1 + 3.4 \times 10^{-4}(t_A - 15.6) + 0.0657W}$$

式中　　η——综合效率，%；

η_1'——排烟损失热量占供给能量的百分数，%；

η_2'——不完全燃烧损失热量占供给能量的百分数，%；

η_3'——表面散热损失热量占供给能量的百分数（%），应根据被测炉子的日常积累的测试数据及操作热负荷选取适当的数值。根据标定数据，散热损失为0.300%～1.562%，如5号取0.35%；

α——过剩空气系数，可按下列公式计算：

干烟气（取样分析）：$\alpha = (21 - 0.0627O_2) / (21 - O_2)$

湿烟气（氧化锆氧分析仪）：$\alpha = (21 + 0.116O_2) / (21 - O_2)$

式中　　O_2——氧含量（%），例如5%，则式中代入5；

T_g——排烟温度，℃（生产操作数据）；

W——雾化蒸汽用量，kg/kg燃料（如无生产操作数据，可代入燃烧器的设计值）。单烧油时，雾化蒸汽流量统一取燃料油设计流量的15%，单位为kg/h，因此W为0.15；

CO——烟气中一氧化碳含量，10^{-6}（mL/L）。根据标定数据，取值为62.6×10^{-6}（mL/L）；

t_A——外供热源预热空气温度时，热空气的温度（℃）；当燃烧用空气不预热或自身热源预热空气时，取值$3.4 \times 10^{-4} \times (t_A - 15.6) \approx 0$。

从实际计算结果看，热效率损失中最主要部分是排烟热损失，其次是散热损失，其他（如不完全燃烧损失）占很小部分。因此，热效率与T_g（排烟温度）、O_2（氧含量）有关。

从热媒炉实际情况来看，最具潜力的是降低排烟温度，因此需要加强余热回收利用（如增大空预器换热面积）。在日常运行中还需注意氧含量控制，太高则排烟热损失大，太低则有可能燃烧不完全。中国石化炼化企业加热炉管理细则要求控制在3%～5%。一般在重油燃烧的实际过程中，氧含量控制在3.5%左右（空气过剩系数1.22）。计算结果见表25-3。

表25-3　燃油燃料的热力计算参数表

燃料	180#重油
热负荷/W	1163×10^4（10^7 kcal/h）
热效率/%	85.25
燃料量/（kg/h）	1190
烟气量/（Nm³/h）	16455
助燃风量/（Nm³/h）	15319
助燃风温度/℃	120
氧含量/%	3.50
空气过剩吸收	1.22
辐射换热比率	0.7504
辐射管热强度/W·m²	63630
辐射管壁温/℃	419
辐射出口烟温/℃	799
出炉烟气温度/℃	393
排烟温度/℃	300
最高液膜温度/℃	378.2

注：1cal=4.186J。

从表25-3可以看出：在氧含量一定（3.5%）的前提下，当油负荷为1190kg/h时，排烟温度高达300℃，热效率仅为85%。因此，排烟温度高、热效率低、油耗高，浪费严重，必须提出整改方案。

25.4　存在问题

在聚酯生产中，降低能耗是降低企业运行成本、追求效益的手段之一。为了节约燃油，必须提高热效率。根据以上分析，在氧含量一定（3.5%）的前提下，热媒炉的热效率与排烟温度有关，因此，降低排烟温度是提高热效率的关键。由于使用重油燃烧，热媒炉的盘管（列管）和空气预热器积灰严重，必须根据排烟温度进行停炉清灰工作（一般4～5d）。以2号炉为例，在油负荷为700kg/h时，清灰前排烟温度270℃，清灰后210℃，但是，热媒炉清灰后6d烟气温度达到220℃，1个月之后达到250℃，4个月后达到300℃以上。无法达到中国石化关于烟气温度小于170℃的要求。更严重的是，在检修时发现空气预热器冷空气入口处换热板片已腐蚀穿孔。

25.5 原因分析

根据分析，主要原因是在空气预热器冷风入口处，由于金属壁面温度较低，易出现低温露点腐蚀。重油硫含量普遍较高，燃油改用重油后，烟气的露点温度升高，使空气预热器更易出现露点硫腐蚀，影响空气预热器的使用寿命。空气预热器腐蚀穿孔后，会造成冷空气与烟道气的短路，影响空气预热器的换热效率，引起炉内燃烧不充分，从而使能耗上升，对热媒炉的综合效能影响很大，见图25-1。

图25-1 改造前空气预热器列管被腐蚀穿孔的情况照片

25.6 解决方案

25.6.1 工艺设计

原有的空气预热器由于积灰、腐蚀等问题，出口排烟温度偏高，通过技术改造达到降低出口排烟温度，提高热媒炉的整体热效率的目的。因燃料油的含硫量（＜3%）比较高，为有效降低低温露点腐蚀对尾部烟道和烟囱的腐蚀，最终将改造后的排烟温度设计值定为180℃。改造方案如下：采用两级空气预热方法来增加空气预热器换热面积，并有效降低低温腐蚀。两级空气预热器一大一小，一级（小）预热器位于烟气低温段，二级（大）预热器位于烟气高温段。环境温度下的冷空气先通过小预热器被加热至一定温度，再进入大预热器继续升温。大预热器换热管壁面温度较高、腐蚀小，小预热器换热管壁面温度较低、腐蚀大，采用新材料搪瓷管作为换热管，可以降低腐蚀速度，提高使用寿命。流程图见图25-2。因此，将原来设计的一级空气预热器更新为两级空气预热器，目的是提高换热面积、降低排烟温度。

25.6.2 设备设计

两级空气预热器都是管式预热器，主要换热部件是换热管组，它们由若干错排的换热管组成，换热管规格为$\phi 40mm \times 2mm$。

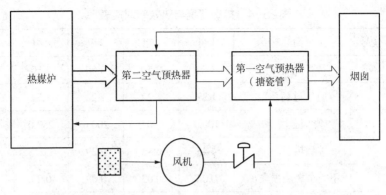

图25-2 改造空气预热器流程图

第二级（大）空气预热器处于高温区，不易出现露点腐蚀，使用寿命较长，采用20#钢换热管，空气走管内，烟气走管外，换热管错列布置，换热面积约359m²，侧壁和底部装有清灰口便于清灰。预热器壳体材料为20#钢，其他附属部件如支撑等的材料是Q235-A。大预热器的总重量约15t。

第一级（小）空气预热器处于低温区，易出现露点腐蚀，使用寿命较短，采用搪瓷管作为换热管。其流动布置也是空气走管内，烟气走管外，换热管错排，换热面积约138m²，侧壁和底部也有清灰口便于清灰。小预热器壳体材料是20#钢，其他附属部件如支撑等的材料是Q235-A。小预热器的总重量约9t。改用搪瓷管换热器后效果图见图25-3。

图25-3 改造后空气预热器的搪瓷列管使用后的情况照片

25.7 运行情况分析

两台新空气预热器投用后，热媒炉原有运行方式不变，操作方法不发生变化。在清灰和空气预热器改造后，排烟温度大幅下降。以2号炉为例：在油负荷为700kg/h时，清灰前230℃，清灰后130℃（温差约100℃），1个月之后达到160℃，4个月后达到230℃以上。热效率提高了5%左右，见表25-4和表25-5。

表25-4 排烟温度与热效率对应表

序号	代号	简述	1组	2组	3组	4组	5组
1	O_2	氧含量/%	3.50	3.50	3.50	3.50	3.50
2	α	空气过剩系数	1.22	1.22	1.22	1.22	1.22
3	T_g	排烟温度/℃	100.0	150.0	200.0	250.0	300.0
4	η_1'	排烟热损失/%	4.46	6.86	9.29	11.75	14.24
5	η_2'	不完全燃烧损失/%	0.02	0.02	0.03	0.03	0.03
6	η_3'	炉表面热损失/%	1.56	1.56	1.56	1.56	1.56
7	η	热效率/%	93.95	91.55	89.12	86.66	84.17

表25-5 排烟温度与热效率对应表

序号	代号	简述	1组	2组	3组	4组	5组
1	O_2	氧含量/%	3.00	3.00	3.00	3.00	3.00
2	α	空气过剩系数	1.19	1.19	1.19	1.19	1.19
3	T_g	排烟温度/℃	100.0	150.0	200.0	250.0	300.0
4	η_1'	排烟热损失/%	4.34	6.68	9.05	11.46	13.89
5	η_2'	不完全燃烧损失/%	0.03	0.03	0.03	0.03	0.03
6	η_3'	炉表面热损失/%	1.56	1.56	1.56	1.56	1.56
7	η	热效率/%	94.07	91.73	89.36	86.95	84.52

由表25-4、表25-5可以看出，在油负荷一定的前提下（如700kg/h），排烟温度150℃，氧含量3%比氧含量3.5%热效率仅高0.18%，但是，结焦的概率大了许多，对运行和设备都是不利的。因此，必须要保证氧含量在3.5%。

2009年1月对改造后投运情况进行了跟踪考核。考核结果表明在同等条件下，改造后的热媒炉的热效率平均提高3.6%（平均热效率由88.1%提高到91.7%），年效益达360万元。

效益核算依据及详细计算方法如下。

1）效益计算数据

每天节油量计算：$W=F \times 24 \times$ 改造前后效率提高平均值。重油价格为3000元/t（2009年1月均值）；年运行天数330d。

2）直接经济效益

$1^{\#}$炉每天节油量 = 750 × 24 × （90.93–87.76）% = 0.57t；

$2^{\#}$炉每天节油量 = 750 × 24 × （93.16–87.96）% = 0.94t；

$3^{\#}$炉每天节油量 = 540 × 24 × （93.15–91.21）% = 0.25t；

$4^{\#}$炉每天节油量 = 500 × 24 × （92.00–86.89–1）% = 0.49t；

$5^{\#}$炉每天节油量 = 750 × 24 × （90.53–87.33）% = 0.58t；

$6^{\#}$炉每天节油量 = 750 × 24 × （91.7–87.2）% = 0.81t；

六台总计 = 0.57 + 0.94 + 0.25 + 0.49 + 0.58 + 0.81 = 3.64t/d。

折合成标准煤：3.64/0.7 = 5.2t/d。

改造空气预热器后年节约油费 = 3.64 × 330 × 3000/10000 = 360万元。

25.8 运行结果

（1）第一级空气预热器（小）采用耐腐蚀的搪瓷列管制造，防止预热器列管的硫腐蚀，同时还能提高烟气余热利用率，提高热效率，降低油耗，达到改造目标。

（2）基本消除了空气预热器的硫腐蚀问题。

（3）投运后可提高热媒炉的热效率3.6%，年度降低成本360万元。

结论：该项目采用的技术可靠，运行稳定。

第26章

天然气替代重油技术

26.1 概述

26.1.1 天然气主要成分

天然气是一种多组分的混合气体，主要成分是烷烃，其中甲烷占绝大多数，另有少量的乙烷、丙烷和丁烷，此外一般还含有比较少的硫化氢、二氧化碳、氮和水汽，以及微量的惰性气体（如氦和氩等）。在标准状况下，甲烷至丁烷以气体状态存在，戊烷以上为液体。天然气目前主要有西气东输和川气东输两种规格，见表26–1。

表26-1　西气东输气质分析报告表

分析项目	烃类/%（体）	分析项目	非烃类/%（体）
CH_4	91.9718	$i - C_5H_{12}$	0
C_2H_6	7.2326	$n - C_5H_{12}$	0
C_3H_8	0.5365	C_{6+}	0
$i - C_4H_{10}$	0.0413	N_2	0.1330
$n - C_4H_{10}$	0.0807	CO_2	0

26.1.2　天然气主要特性

天然气属甲类火灾危险物质，其主要成分为甲烷，甲烷的危险有害特性及安全技术说明如下：

1）基本特性

主要成分：甲烷；

CAS No（美国化学文摘登记号）：74-82-8；

外观与性状：无色无臭气体。

2）基本物性

熔点：-182.5℃；

沸点：-161.5℃；

相对密度（水 =1）：0.42（-164℃）；

相对蒸气密度（空气 =1）：0.55；

饱和蒸气压：53.32kPa（-168.8℃）；

燃烧热：889.5kJ/mol；

临界温度：-82.6℃；

临界压力：4.59MPa；

闪点：-188℃；

引燃温度：540℃（组别T1）；

爆炸上限（体积比）：15%；

爆炸下限（体积比）：5.0%；

溶解性：微溶于水，溶于醇、乙醚。

26.1.3　危险性概述

1）健康危害

甲烷对人基本无毒，但浓度过高时，空气中氧含量明显降低，使人窒息。当空气中甲烷达25%～30%时，可引起头痛、头晕、乏力、注意力不集中、呼吸和心跳加速、共济失调。若不及时脱离，可致窒息死亡。皮肤接触液化本品，可致冻伤。

①急救措施。

皮肤接触：若有冻伤，就医治疗。

吸入：迅速脱离现场至空气新鲜处，保持呼吸道通畅；如呼吸困难，进行输氧；如呼吸停止，立即进行人工呼吸，就医。

②火灾危险性。

易燃，与空气混合能形成爆炸性混合物，遇热源和明火有燃烧爆炸的危险。与五氧化溴、氯气、次氯酸、三氟化氮、液氧、二氟化氧及其他强氧化剂接触会剧烈反应。

灭火方法：切断气源。若不能切断气源，则不允许熄灭泄漏处的火焰。

2）现场作业安全要求

根据天然气特性和工艺系统特点，热媒站区域仍维持原爆炸危险2区，事故状态下有天然气泄漏。

现场应加强巡检，巡检时应携带便携式可燃气体报警仪。

现场发生天然气泄漏时应避免一切动火作业，禁止使用易产生火花的机械设备和工具，禁止使用移动电话，同时查明漏点、切断气源。建议应急处理人员戴自给式呼吸器，身着防静电工作服，穿劳保鞋（严禁穿带铁钉的鞋），使用防爆铜质工具。

天然气减压或放散过程中若噪声过大，应佩戴防护耳塞。

26.2　项目改造情况

对于聚酯热媒炉，有的企业自投用以来一直使用的燃油为原油，后改为180#重油。长期使用重油对环境、设备均有较大损害（主要是含硫高）。天然气本身是一种清洁能源，燃气的使用会减少热媒炉烟气对环境的污染，同时会减轻对设备的腐蚀，延长了热媒炉连续运行周期。替代改造项目总体系统设计由中国纺织工业设计院承担，热媒炉燃气改造由北京航天十一所设计并提供设备供货。

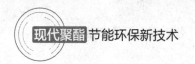

26.3　工艺流程

26.3.1　过滤计量撬

天然气从公司主干管通过过滤计量撬进入聚酯装置，过滤计量撬由两台并联的过滤器和一台流量计组成。过滤器设置的目的是去除主干管输送可能带来的杂质，流量计作为天然气计量交接的依据。

26.3.2　炉前控制撬

炉前控制撬将1.0MPa的天然气减压为0.2MPa左右并控制适当流量送到燃烧器。主炉前控制撬主要由主燃气管线、点火气管线、天然气放空管线组成。

1）主燃气管线

天然气经过滤器、自力式压力调节阀、流量计、压力温度测量仪表、流量调节阀、两只串连的电磁切断阀、阻火器等进入燃烧器。自力式压力调节阀使燃气压力从1.0MPa减为0.2MPa左右；流量计和流量计调节阀对燃气流量进行稳定控制，可实现负荷调整以及与风量的比例调节；电磁切断阀与风机、火焰监测器、燃气压力监测装置等连锁动作，当风机故障（停电或机械故障）、天然气压力出现异常、炉膛熄火等情况发生时，能迅速切断气源。

2）点火气管线

从过滤器后抽头，经点火减压阀、两只串连的点火电磁阀后与燃烧器组件相连（燃油所用液化气点火管线与天然气点火管线共用一条金属软管，可通过手动阀进行切换）。

3）天然气放空管线

在主燃气管线和点火管线两个电磁切断阀之间均设天然气放空管线，由电磁阀控制。当主切断阀关闭时，放空电磁阀开启，排放气体，防止燃气漏入炉膛。

26.3.3　燃烧器

热媒炉改造完成后，燃烧器由天然气和重油两个燃烧系统共用一个配风系统组成。

天然气喷嘴采用扩散式燃气烧嘴。扩散式燃气喷嘴由多根喷枪组成，将天然气分散成细流，并以恰当的角度导入燃烧器，以便与空气良好混合。

燃烧器的配风采用二次配风方案，由外到内分别为喉部组件、外围天然气烧嘴、稳焰器组件、中心燃气喷枪和油枪。稳焰器内为一次风通道，稳焰器外为二次风通道。一次风为漩流风，保证燃料与助燃风充分混合；二次风为直流风，保证火焰形状瘦长刚直，保证与炉型相匹配。漩流风和直流风的速度差在稳焰器后方形成回流区，使燃烧火焰连续稳定。

26.4　考核依据与原则

26.4.1　考核依据

（1）《压力容器管理办法》；

（2）《天然气热媒炉操作手册》；

（3）燃气改造项目72h考核方案。

26.4.2　考核内容

1）热媒炉负荷稳定性考核

热媒炉在固定燃料负荷、自动状态下，根据总管温度和各热媒炉出口温度情况判断热媒炉负荷的稳定性，结果表明，运行稳定。

2）热媒炉热效率考核

考核期间记录附表中的数据，通过综合反平衡效率的简化计算方法计算热效率（参照第25章）。

各热媒炉燃气与燃油时的热效率对比数据见表26-2。

表26-2　各热媒炉燃气与燃油时的热效率对比数据表

位号	燃油时热效率/%	燃气时热效率/%	效率提高/%
130K01.1	88.66	93.58	4.92
130K01.2	92.16	93.20	1.04
130K01.3	90.24	93.51	3.27
130K01.4	89.09	92.58	3.49
130K01.5	87.49	92.71	5.22
平均	89.53	93.12	3.59

从综合考核结果可以看出，气代替油时，热效率提高了3.59%。

26.5　结语

天然气本身是一种清洁能源，使用天然气替代热原油，可以减少热媒炉烟气对环境的污染，会减轻对设备的腐蚀，延长了热媒炉连续运行周期，同时对提高效率也有益处。

第27章
双介质CFB锅炉和高压蒸汽加热热媒技术

27.1 概述

在化纤行业聚酯装置中，利用热媒（导热油）作为工作介质，对聚酯生产装置供热以满足工艺系统对低压高温热源的需要。当前，热媒所需热源主要有燃油、天然气和煤炭。燃油和天然气在前面已经介绍，本章主要介绍燃煤产生高压蒸汽加热热媒。导热油通常采用链条锅炉进行加热，近年来由于环保压力，锅炉排放标准日益提高，以及对导热油热源的安全性考虑，双介质CFB锅炉（循环流化床锅炉）和导热油换热器作为化纤行业热媒热源将是一个发展趋势，该技术为杭州锅炉集团股份有限公司所有。

27.2 双介质CFB锅炉

双介质CFB锅炉，特别是采用低氮技术后，相对传统链条炉具有容量大、效率高、运行可靠、经济效益好和低排放环保等的优点。与其他锅炉相同，改变燃料量与空气量可以调节锅炉的负荷。

常见的双介质CFB锅炉采用自然循环单汽包、单炉膛、平衡通风、固态排渣锅炉，锅炉间为半露天布置。布置总图见图27-1。

锅炉由一个膜式水冷壁炉膛，两个下倾式旋风分离器和尾部竖井烟道组

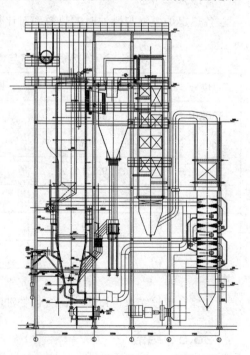

图27-1 双介质导热油CFB锅炉总图

成。其中第一个尾部竖井烟道，为双烟道设计，左侧包墙内布置低温过热器及高温省煤器，右侧包墙内布置导热油受热面。第二个竖井烟道依次布置有SCR脱硝设备（或预留设备空间），低温省煤器，空预器。竖井烟道之间通过烟道连接。

在炉膛的上部，沿炉膛的宽度方向均匀布置屏式过热器和导热油受热面（根据需要）。

在低温过热器和屏式过热器之间，包墙过热器和低温过热器之间布置两级喷水减温器以控制过热器出口蒸汽温度。同时在第一个竖井下部布置烟气调节挡板门，用来调节导热油的出口温度。

汽水流程：锅炉汽水系统回路包括尾部省煤器、锅筒、水冷系统、下倾式旋风分离器进口烟道、下倾式旋风分离器、尾部竖井包墙过热器、低温过热器、屏式过热器、连接管道及集汽集箱。

烟风系统：循环流化床内物料的循环是由送风机（包括一、二次风机）和引风机启动和维持的，从一次风机鼓出的燃烧空气经过空气预热器加热后第一路进入炉膛底部风室，通过布置在布风板之上的风帽使床料流化，并形成向上通过炉膛的固体循环，管路上还并联有供锅炉点火启动和低负荷稳燃油点火燃烧器用风旁路；第二路，经空气预热器后的一次热风送至炉前的气力播煤机；第三路，从一次风机鼓出的冷风直接作为给煤皮带的密封用风，从二次风机鼓出的燃烧空气经空气预热器后，直接经炉膛上部的二次风箱进入炉膛。

烟气及携带的固体粒子离开炉膛通过旋风分离器进口烟道进入旋风分离器。在分离器里，粗颗粒从烟气流中分离出来，而气流则通过旋风分离器顶部中心筒引出，进入尾部受热面，将热量传递给尾部受热面管内的介质后，烟气通过锅炉出口烟道进入除尘器去除烟气的细粒子成分，然后由引风机抽出并加压后送入脱硫装置脱去烟气中的硫化物，最后经烟囱排入大气。

燃烧过程：在流化床内装料后，冷态启动时，先启动风室油燃烧器将燃烧的空气预热，热空气进入风室以后，通过布风板进入流化床，加热床料使燃料着火。水冷式布风板的鳍片扁钢上布置有许多钟罩式风帽，使流化床的布风均匀。布风板上表面及喷嘴末端之间敷设有防磨层，避免布风板磨损。

在流化床内，空气与燃料、石灰石混合进行燃烧和脱硫，所形成的固体粒子随气流上升，经位于后墙水冷壁上部开口，进入旋风分离器，在旋风分离器内，粗颗粒被分离下来重新返回炉膛循环燃烧。

一次风和二次风及二次风的多层布置形成的分级送风，通过各级风量的调节使炉膛温度基本均匀，降低NO_x生成量。从燃烧的稳定性和NO_x的排放水平而言，床温有一个允许的变化值；灵活地改变负荷，温度维持在一个特定的范围之内，采用分级燃烧和控制悬浮段固体颗粒量来实现。分级燃烧，使得下部炉膛的缺氧燃烧有助于将床温维持在一个合适的范围内及较低的NO$_x$排放。

导热油热载体受热面：热载体受热面由两部分组成，分低温段屏（根据需要）和高温段蛇形管受热面。

低温段屏布置在炉膛中，整个管屏表面堆焊耐磨层；高温段受热面布置在炉后的尾部烟道中，蛇形管结构；尾部烟道分左右两个通道，高温段热载体受热面布置在右侧通道中，左侧通道中布置有蒸汽侧的低温过热器及省煤器，热载体从炉前的进口集箱进入低温段受热面后，顺流向上，通过连接管道进入到尾部的高温段热载体受热面，然后逆流向上从高温段受热面出口集箱引出。

尾部双烟道下面布置调温用的烟气调节挡板门。通过调节流经2个通道的烟气量来控制热载体的出口温度。

27.3　高压蒸汽加热导热油技术

蒸汽导热油加热器是利用锅炉产生的过热蒸汽加热从聚酯装置返回的导热油，代替以往使用锅炉来加热导热油，不仅提高了机组安全性和经济性，而且总体环保效应大大提高。

加热器为表面式加热器，加热液相导热油时，传热管内是导热油，管外是蒸汽；加热气相导热油时，传热管内是蒸汽，管外是导热油。蒸汽在加热器里先放出热量并凝结成水，然后通过过冷段变为过冷水，最后由疏水口排出，通过换热管将热量传给导热油，见图27-2。

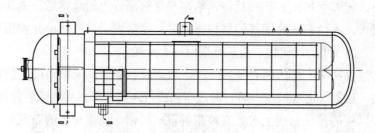

图27-2　蒸汽导热油加热器总图

蒸汽导热油加热器结构描述如下：

管箱：管箱为筒节、标准椭圆形封头加人孔结构，管箱内部设有分程隔板。

壳体：壳体由筒体、封头和若干个管接头组成。壳体设置有蒸汽进口、疏水出口/蒸汽出口以及放水放气等接口。壳体与管系采用槽钢在支撑件上滑动的连接方式。

管系：管系由管板、U型管、隔板（折流板及支撑板）、定距管、拉杆等组成。管板在管侧面有堆焊层，以保证换热管与管板的焊接性能。

该类型导热油换热器与常规换热器相比，对生产厂家的设计和制造能力要求更高。在设计和制造时换热器具有以下技术特点和难点：

①蒸汽参数高，设计时需考虑高温高压蒸汽对管板和壳体温差应力；

②入口高速蒸汽对管束冲击和磨损；

③管板与管束焊接方式设计和制造的可靠性；

④换热管防振计算与设计；

⑤设备故障时换热器系统安全性设计。

针对以上技术特点和难点，在设计和制造时可采用以下措施：

加热器的疏水冷却段和加热器的蒸汽过热段都采用包壳形式，在蒸汽入口处设置有不锈钢挡板，防止蒸汽直接冲刷传热管。

加热器过热段材质因接触高温高压蒸汽，应选取耐高温的材质作为壳体受压材料。同时应采取防冲板等措施防止高温蒸汽对管板及筒壳的热冲击。

为防止管束与管板连接处产生裂缝和泄漏，管束与管板连接采用"焊接+胀接"工艺，U形管和管板连接强度的可靠性采用水压试验检验，并采用先进的、直观的、灵敏的氦检漏技术，确保每根管子与管板连接强度及严密安全可靠。

加热器的传热管采用无缺陷的无缝钢管，有缺陷的管材不可修复后再使用，也不允许采用环焊缝来接长换热管。为防止U形管在冷弯过程中造成的应力腐蚀裂纹，选用的管材考虑消除U形管的应力的热处理。U形管弯制后应逐根进行耐压试验，试验压力不得小于设备的耐压试验值。U形管应进行100%超声波探伤检查。

第28章

污水沼气送烧聚酯热媒炉技术

28.1　概述

污水深化处理后产生的沼气，在最初的设计中，是通过火炬焚烧法解决的。为了回收利用沼气的热能，2007年，Y公司针对污水处理装置生化沼气（主要成分是甲烷），投资建设了4套小型发电机组（300～600kW），有效地回收了部分热能。2015年，沼气产出量约$730 \times 10^4 \, Nm^3$，发电量$1100 \times 10^4 \, kW \cdot h$，但沼气发电设备故障较多，年维保费用在85万元，因此，净效益约300万元（自产电费用0.35元/$kW \cdot h$）。由于发电机组已经运行了近10年，部分设备已经达到了更新或是大修期，需要一定的投资才能继续维护发电系统的运行，同时，由于人员自动减员，压缩岗位和合并是今后的趋势，因此，如果利用沼气替代部分天然气作为燃料送到聚酯热媒炉燃烧，不仅环保而且能源利用效率高、经济效益好。通过对相关企业的调研、设计单位的技术分析和经济效益测算论证，沼气经压缩输送后供热媒炉燃烧，可以实现安全稳定运行目的。因此，该项目改造立项后，经过一年的努力，系统已经开车运行正常。

28.2 工艺流程

Y公司生产装置的系统污水经厌氧反应器产生沼气，沼气量为800～1000Nm³/h（最大1200Nm³/h），沼气中主要成分为甲烷CH_4（78%，体积比，下同）、二氧化碳CO_2（21.5%）、氮气N_2（1.5%），微量硫。

原厌氧反应器（设备位号：R1、R2、R3，下同）至沼气发电机的部分管线收集的沼气，出来后经气液分离罐（V1，利旧）初步分离沼气中的水分（一次脱水）；在系统管道上，设置了阻火器（E）、过滤器（F），同时为了保证分离效果，后接气液分离罐（V2），然后进3套增压泵（P1、P2、P3）系统加压至0.1MPa（表）左右；沼气在进入热媒炉前再次增设气液分液罐（V3），定期实施低点排放，杜绝液相水进入热媒炉。

28.3 沼气系统控制方案的设计思路

（1）沼气进入热媒站后，分五路输送至1#、2#、3#、4#、5#热媒炉，利用1#、2#、3#、4#、5#热媒炉燃烧器的油枪位置，各安装一根沼气喷枪，喷枪安装在原来的重油烧嘴位置，喷枪与管线通过金属软管连接。炉区管线依次设置压力变送器、2个自动切断阀及1个放空切断阀、2个手阀、1个低排阀及阻火器等。

在一般情况下，沼气的生成量是波动的，沼气的输送量也是变化的，装置产生的沼气基本上是送烧的，可以不设计流量计和调节阀控制，但在污水生化区设置流量计对沼气进行计量。运行时按照增压泵的进口压力控制泵的合速：第二个分液罐（V2）压力P1与增压泵电机合速并构成串接回路，通过变频来调节泵的流量，实现进口压力稳定。为了保持厌氧反应器为微正压，当厌氧反应器顶部压力低于连锁设定值和控制压力低于连锁设定值时连锁停泵。

（2）炉区控制室控制盘信号：热媒炉烧沼气的状态信号，沼气路设置供气压力低报、高报值及低低连锁值、高高连锁值。当沼气供气压力超过供气压力高高连锁值或低于低低连锁值时，执行停沼气程序，切断沼气燃料。

（3）上位机及触摸屏均增加使用沼气燃料的功能，可显示每台沼气供气压力、沼气切断阀阀位。气动切断阀不含回程信号指示，但是在控制画面时可以显示阀开关信号，如撬块阀指示。

（4）现场需要的氮气、仪表风、电等公用工程的参数利旧。

（5）烟气中的残氧含量设定值要比目前运行值高（建议在2.5%以上）。

热媒炉区流程图见图28-1。

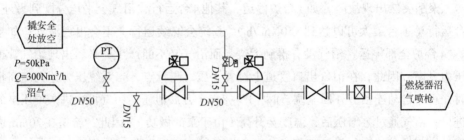

图28-1 热媒炉区流程图

28.4 控制方案

28.4.1 一般情况下控制方案

沼气系统通过三台增压泵运行，各承担三分之一的负荷（单台最大负荷60Hz情况下，达到600Nm³/h）。根据统计数据，产气量最大为1200Nm³/h，单台泵负荷为400Nm³/h（占比67%），约在40Hz下运行。如果一台故障，另2台自动升负荷到最大，满足要求。

泵的转速由进口压力控制，系统需要保持沼气储罐的压力稳定，当气量增加时，进口压力升高。为了保持压力稳定，控制系统自动提高泵的转速，加大沼气输送量；当沼气量增加时，引起炉前的压力增加，需求的风量必须增加，因此，通过调节风机变频提高转速，实现风量满足需要，最终保证烟气残留氧含量在3.5%左右。反之亦然。

28.4.2 特殊情况下控制方案

1）增压泵停泵连锁

由于沼气的易爆特点，因此，要求系统保持微正压，防止在负压情况下氧气被吸入系统。当同时具备以下两个条件时，程序自动连锁停止增压泵（P1、P2、P3）的运行，出现停运信号：一是系统出现问题，没有沼气产生，或是沼气进出不平衡，表现为三个厌氧反应器（R1、R2、R3）中任意一个压力连续低于××Pa且超过××s时；二是增压泵的进口压力低于设定值（低低报连锁值××Pa时）。由于在DCS组态画面上，设计了连锁复位按钮（复位时必须经管理人员口令论证），因此，一旦三个厌氧反应器中任意一个压力高于××Pa时，值班长（操作人员）可以按复位按钮，就实现了增压泵连锁信号的解除，从而可以分别启动3台爪式增压泵。

2）聚酯故障

聚酯突然出现故障，如1台炉停运，其他4台运行，沼气会平均分配到另外4台运行（单台最大可以达到350Nm³/h），系统会继续运行，不会出现波动；如果2～4台炉全部停运，沼气没有得到燃烧，而沼气又不断产生，必然出现沼气管道压力升高，因此，在沼气出口管道上设置了压力测量点，当系统压力达到高高报时，程序自动连锁打开回流调节阀（PV-812）开展泄压，沼气再次进入增压泵的进口；沼气通过泵增压后，温度会升高（由于泵的做功），因此，希望在30min内聚酯恢复炉运行。如果处理超过30min，便在程序上设计：回流阀（PV-812）打开超过30min或是增压泵出口气液分离罐的温度超过110℃并持续3s以上时，启动"声光警笛"报警，提醒操作人员必须采取措施并向领导汇报。

3）紧急回流工作模式的启动和恢复

紧急回流工作模式的启动：为了保证增压泵在自动状态下稳定运行，程序在设计上规定了运行下限，即最小工作负荷25Hz（150Nm³/h×3）。也就是说，沼气量持续减少，泵的负荷自动降低到限位状态（25Hz）。在这种情况下，产气量少、出气量多，泵进口压力下降，当增压泵的进口气液分离罐（V2）压力低于××Pa并持续××s以上时（正常运行时设定压力××Pa），程序自动启动"紧急回流"工作模式。

回流调节阀（PV-812）动作过程：仪表风供气管道上的电磁阀（PY-812）线圈得电励磁，仪表风进入调节阀膜头，膜片受压，调节阀进入开启状态，同时，切断增压泵压力自动调频信号，将3台泵的工作频率设定在××Hz进行定频工作，将V2的压力信号给予PV-812，组成单回路压力控制系统（闭环控制），设定一个参数，将V2的压力往上调，进入"紧急回流"工作模式。

紧急回流工作模式的恢复：在紧急回流工作模式下，当V2的压力稳定在××Pa并持续××s以上，同时回流调节阀的开度≤10%时，关闭调节阀PV-812（切断仪表风供气管道上的电磁阀PY-812供电），断开调节阀PV-812的闭环控制，将 V2 的压力信号给予增压泵，重新构建单回路压力控制系统（闭环控制），对增压泵进行自动调节控制，恢复正常的工作模式。

28.5　聚酯投运前提条件

（1）系统已经完成吹扫、打压试验，压力容器和管道已经经过专业机关核准同意，公用工程系统完好；

（2）一般技术和管理人员、操作人员已经培训；

（3）完成程序调试确认，并有记录；

（4）开车前的阀门状态确认正确；

（5）公司有关部门同意点火。

28.6　点火过程说明

总体思路：把沼气当作一种废气来使用。即投入前，炉膛内有天然气燃烧的火焰，沼气遇到故障或参数不适应后，切断沼气且不影响天然气的燃烧。停炉时，先自动切断沼气再停天然气。

保留原有的天然气点火及燃气系统不变，点火程序不变。天然气是主燃料，沼气作为辅助燃料。

在沼气进入炉膛燃烧前，燃烧程序切换至手动模式，将天然气阀位和风阀位回到某设定开度，使残氧含量达到 5% 以上。

具备条件后，操作燃烧程序：启动"沼气运行"按钮，程序自动使沼气切断阀打开，将沼气送入炉膛立即燃烧起来。待沼气进入炉膛燃烧后，操作人员可手动或其他模式操作热媒炉。

注意：若沼气投用前的热媒炉天然气流量低于 $500Nm^3/h$ 时，投入沼气后可能导致天然气流量低于 $300Nm^3/h$，又因为天然气流量测量值误差大，有可能影响热媒炉的串级操作，故热媒炉开沼气的条件是天然气流量大于 $550Nm^3/h$，氧量大于 5%，且沼气供气压力处于正常范围内。

考虑到沼气压力会有波动，在正常运行时，烟气中的残氧含量设定值要比目前运行值高（建议在 2.5% 以上）。

燃烧程序中增加沼气压力的低低连锁值 LL 和高高连锁值 HH（连锁值在调试期间确定）。当沼气供气压力超过供气压力高高连锁值或低于低低连锁值时，执行"沼气停运"程序，切断沼气燃料。沼气停止后，不影响主燃料的正常燃烧。当条件具备后，可以重新投入沼气。

正常主动停炉，先停沼气，启动"沼气停运"按钮，再停天然气，最后执行

大风后吹扫程序。

28.7 改造前后效益分析

28.7.1 经济效益分析

改造前：2015年，沼气产出量约 $730 \times 10^4 Nm^3$，发电量 $1100 \times 10^4 kW \cdot h$，年维保费用在85万元，因此，净效益约300万元（自产电费用0.35元/kW·h）。

改造后：

理论核算和实际标定：$1000 Nm^3/h$ 的沼气送烧折合成天然气为 $700 Nm^3/h$，折算系数为0.7。为了便于比较，按照2015年的沼气产出量 $730 \times 10^4 Nm^3$ 核定（价格为 2.16 元/Nm^3），节省的天然气量为 $511 \times 10^4 Nm^3$。增压泵功率30kW，3台运行，负荷按照60%核算，耗电量 $43.93 \times 10^4 kW \cdot h$。

经济效益 = 节省的天然气费用 – 增压泵耗电费用 = $511 \times 10^4 \times 2.16 - 43.93 \times 10^4 \times 0.35 = 1104 - 15 = 1089$（万元）

效益增加量 = $1089 - 300 = 789$（万元）

因此改造后，年经济效益增加789万元。

28.7.2 社会效益分析

改造前沼气发电：发电量 $1100 \times 10^4 kW \cdot h$；
折算成回收的能源（tce）$W_1 = 1100 \times 1.229$（系数）$= 1352 tce$。
改造后沼气送烧：节省天然气 $511 \times 10^4 Nm^3$，增压泵耗电量 $43.93 \times 10^4 kW \cdot h$。
折算成回收的能源 W_2 = 节省天然气折标煤 – 增压泵耗电折标煤 = $511 \times 10^4 \times 1.214 \times 10 - 43.93 \times 1.229 = 6203 - 54 = 6149 tce$。
发电相对于送烧效率 = $W_1/W_2 \times 100\% = 1352/6149 \times 100\% = 22\%$
而增加的能源 $W = W_2 - W_1 = 6149 - 1352 = 4797 tce$。
相当于减少消耗 $4797 tce$。
根据节约 $1kg$ 标煤 = 减排 $2.493kg$ 二氧化碳计算：
减少二氧化碳排放量 = $4797 \times 2.493 = 11959 t$。

28.8 结语

该项目改造成功后，有效地提高了沼气热能利用率，同比可实现年节约天然气 $511 \times 10^4 Nm^3$，净经济效益（降低成本）792万元；相当于减少消耗 $4797 tce$，减少二氧化碳排放量 $11959 t$。该项目约半年就可收回投资。

第29章

新型石墨空气预热器技术

29.1　概述

加热炉是炼油、化工等企业的主要耗能设备，能耗占综合能耗的30%～40%。提高加热炉的效率一直是企业节能工作的重点，其中采用空气预热器回收烟气低温余热、降低加热炉排烟温度是最主流的节能手段。

目前一般企业加热炉热效率为90%～92%，排烟温度为120～150℃，空气预热器已在烟气酸露点临界温度运行。进一步降低排烟温度，空气预热器会产生露点腐蚀，当前各种空气预热器都难以在露点温度以下长周期、高效、安全运行，低温露点腐蚀已成为相关企业提高加热炉热效率亟待解决的难题。

29.2　低温露点腐蚀的机理

一般燃料油或天然气中均含有少量的硫，硫燃烧后全部生成SO_2。由于燃烧室中有过量的氧气存在，所以又有少量的SO_2进一步氧化成SO_3。在通常的过剩空气系数条件下，全部SO_2中约有1%～3%转化为SO_3。在高温烟气中的SO_3气体不腐蚀金属，但当烟气温度降到400℃以下，SO_3将与水蒸气化合生成硫酸蒸气，其反应式如下：

$$SO_3 \uparrow + H_2O \uparrow \xrightarrow{400℃以下} H_2SO_4 \uparrow$$

该反应受温度影响，温度越低，SO_3的转化率越高。只要烟气中有超过8%的水分，在烟气温度降到205℃时，将有99%的SO_3转化为硫酸蒸气。

随着烟气温度降低，当温度降低到硫酸露点温度（一般为110～160℃）时，硫酸蒸气就会在加热炉尾部受热面凝结成硫酸液体，发生低温露点腐蚀，使加热炉尾端换热设备积灰堵塞甚至腐蚀穿孔。

29.3　空气预热器现状

为了跨越低温露点腐蚀的障碍，进一步降低排烟温度，工程技术人员从空气预热器的结构及材料方面做了大量的工作，主要集中在耐低温腐蚀金属的开发及

非金属材料应用两个方面。

ND钢、Cast钢、铸铁板是炼油企业目前应用较多的耐低温腐蚀金属。耐低温腐蚀的原理是金属表面在露点温度附近，硫酸质量分数85%左右时，形成了一层致密且与基体金属黏附性好的钝化膜，阻止了酸和水向钢铁基体的渗入，保护了膜层下面的基体。但耐低温腐蚀钢只能保证空气预热器在露点温度附近工作，当烟气温度低于露点温度，这些钢铁材料就无法抵御烟气的低温露点腐蚀，使用寿命就会大大缩短。进入露点温度的ND钢，其使用寿命均在半年左右，到目前为止还没有找出一种可以有效抗低温露点腐蚀的低合金钢。

在空气预热器低温段的金属外表面涂上非金属的防腐层是使用非金属材料的一种方式，比如在热管式空气预热器、板式空气预热器的低温段涂上搪瓷、陶瓷、塑料等。尽管非金属材料的耐低温腐蚀性能好，但材料与金属管材的膨胀系数存在差异，易出现开裂剥落，而且整个低温段尤其是细密的部分容易有微小部位没有覆盖上涂层，易失去抵抗低温露点腐蚀的能力。玻璃管空气预热器是应用非金属材料的另一种探索，理论上玻璃管空气预热器可以在烟气露点温度以下工作，但由于其强度低、导热系数小、耐温性能差，使用中极易出现漏风和破碎，在工业上少有应用。

已经开发使用的耐低温腐蚀金属、非金属涂层及玻璃管空气预热器都有一定的抵御烟气露点腐蚀的能力，但在使用过程中都出现了各种问题，现有的空气预热器依旧无法跨越烟气露点腐蚀的障碍。

29.4 新型石墨空气预热器

29.4.1 不透性石墨

不透性石墨是一种由人造石墨及合成树脂通过浸渍、压制、浇铸等方法制成的新型材料。它具有优良的化学稳定性，对大部分化学介质都是耐腐蚀的。常温下导热系数为$100 \sim 110W/(m \cdot K)$，与铜、铝相仿，是普通碳钢的2.5倍以上。机械强度高，能够承受2MPa以上的压力。与大多数介质之间的"亲和力"极小，表面不易结垢。这些优良的特性，保证了由不透性石墨制成的空气预热器可以跨越烟气低温腐蚀的障碍，在露点及更低的温度下工作。

29.4.2 新型石墨空气预热器的研究

石墨制成的新型空气预热器与炼油企业的传统钢制空气预热器有很大不同，并与强酸、强碱行业处理气–液、液–液换热的石墨换热器不同。借鉴石墨换热器在其他行业的应用经验，选取了承压能力强、使用温度高的块孔式作为新型石墨空气预热器的结构型式。在研制阶段利用CFX模拟软件对石墨空气预热器的换热流道直径、长度、排列方式、数量等进行了优化，从技术经济的角度选出石墨空气预热器的最优结构。简化模型如图29-1所示。

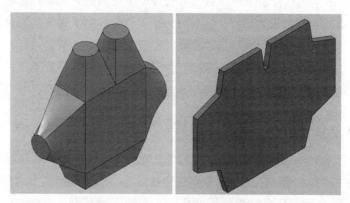

图29-1　新型石墨空气预热器简化模型图

根据CFX优化结果设计了一台热负荷为32.8kW、如图29-2所示的空气预热器进行热态试验。试验对新型石墨空气预热器的阻力特性、传热性能、耐温性能及密封性能进行了研究。

热态试验研究表明，在适宜的孔内流速范围，空气预热器的传热性能优于一般的钢管式空气预热器。石墨空气预热器的综合性能可以满足加热炉跨越低温腐蚀障碍，深度回收低温烟气余热的要求。

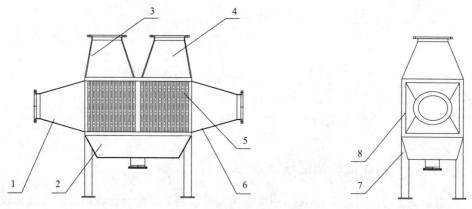

图29-2　新型石墨块孔空气预热器结构示意图

1—烟气出口过渡段；2—连通器；3—空气进口过渡段；4—空气出口过渡段；
5—石墨芯体；6—烟气进口过渡段；7—支座；8—壳体

29.5 新型石墨空气预热器的工业试验

通过数值模拟优化、热态试验研究掌握了新型石墨空气预热器的传热、阻力、耐温等性能，研制了一台工业用的石墨空气预热器，在中国石化某分公司600kt/a重整装置3台圆筒炉联合余热回收系统上进行了工业试验。重整装置的空气预热器采用两段组合式，高温段为热管，低温段为搪瓷列管。由于燃料气硫含量较高，低温段搪瓷管腐蚀较为严重，出现腐蚀穿孔，空气预热器处于带病运行，实际热效率只有91%左右。工业试验为了减少改造工程量，保持高温段热管不变，在现有余热回收装置中的搪瓷管段位置安装新型石墨空气预热器试验装置。

29.5.1 石墨空气预热器工业试验流程

石墨空气预热器工业试验流程如图29-3所示，重整加热炉烟气进入空气预热器的温度为300℃，经过高温段热管空气预热器与空气换热后，温度降低到150℃左右，进入低温段石墨空气预热器试验，在石墨空预器中与常温空气进行换热，烟气温度由150℃再降至95℃左右后排至烟囱。来自鼓风机的常温空气在石墨空气预热器中被加热至70℃左右，再进入空气预热器高温段被继续加热至220℃，最后进入加热炉热风系统。

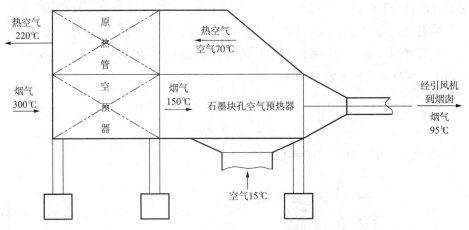

图29-3　石墨空气预热器工业试验流程

29.5.2 工业试验测试数据

工业试验前，对进出600kt/a连续重整装置加热炉原余热回收系统的物流参数进行了测量。新型石墨空气预热器替换原搪瓷管空气预热器，加热炉正常运行半年后，对该装置预热回收系统的进出口物流参数又进行了测量。通过与工业试验前的数据进行分析比较，研究新型石墨空气预热器的性能。工业试验前后，加热炉测试数据如表29-1所示。

表29-1　工业试验前后加热炉测试数据表

项目	烟气中SO_2含量$/10^{-6}$	烟气中O_2含量/%（体）	烟气进空气预热器温度/℃	烟气出空气预热器温度/℃	加热炉热效率/%
工业试验前	12	6.02	251.5	138.9	91.3
工业试验后	6	4.10	239.0	93.0	94.2

29.5.3　工业试验结果分析

新型石墨空气预热器在600kt/a连续重整装置加热炉装置上已平稳运行一年有余，未出现任何腐蚀、弯曲、破碎、变形等现象，空气预热器的耐腐蚀、耐温性能良好。经计算，石墨空气预热器的散热损失仅为传热量的0.13%，运行过程中没有吸风、漏气等现象，密封性能良好。传热性能优于一般钢管式空气预热器。

重整加热炉应用新型石墨空气预热器后排烟温度降低为93.0℃，热效率从91.13%提高到了94.2%，多回收热量0.672MW。以炼厂瓦斯热值42555kJ/Nm³计算，每小时节约瓦斯56.8Nm³，每年可节约瓦斯45.45×10^4Nm³（以年运行8000h计），投资回收期6.2个月。

新型石墨空气预热器具有优良的传热能力和耐酸腐蚀性能，能够跨越烟气低温腐蚀障碍，可以在露点温度甚至更低的温度下安全运行，具有良好的应用前景。

29.6　结论

空气预热器的低温露点腐蚀问题已成为进一步降低排烟温度、提高加热炉热效率的主要障碍，尽管现有的空气预热器能在一定程度上解决低温腐蚀的问题，但在实际运行过程中，会出现各种问题，尤其在露点温度以下失效更快。

不透性石墨制成的新型空气预热器具有良好的传热、耐温、防腐等性能，可以提高加热炉热效率两个百分点，并能在露点温度甚至更低的温度下安全运行；解决了低温腐蚀的问题，投资回收期6.2个月，具有广阔的应用前景。因此，对于聚酯装置的热媒炉的空气预热器的低温段也可以使用石墨制成的新型空气预热器。

第30章
热媒炉干冰清洗技术

30.1 概述

聚酯生产线辅助供热装置热媒系统主要由热媒炉、热媒泵、供回路管道系统和燃料系统组成。燃料主要有原油、重油、天然气或者煤炭。其中煤炭成本最低、天然气成本最高；而使用原油或者重油，热媒炉结灰严重，热效率下降很大，经济性不好。一般情况下，特别是对于燃烧重油的企业，热媒炉在运行一段时间后，会出现效率下降的问题，单耗增加，成本上升。因此，有必要采用干冰清洗技术，对炉内进行清灰作业。

30.2 干冰清洗除污技术原理

由于热媒炉内的盘管结构特殊，内外盘管夹层间隙很小，很难用常规方法清洗结灰污垢。结灰污垢覆盖管壁，影响对流传热，因而长时间运行会出现排烟温度上高，效率下降。干冰清洗是使用于冰介质（粒）通过压缩空气加速度来撞击所需清洗的表面，干冰撞击瞬时结合能量的损失及非常迅速的热能传递，使污物表面降温融化，干冰颗粒在污物与表面之间瞬时从 CO_2 固体变成气体，千分之几秒时间内 CO_2 体积膨胀800倍，使污物脱离表面。清洗下来的污垢，减少了后道工序的热损失，提高效率。干冰粒子的硬度相对于其他材料低，清洗过程中依赖粒子高速度来达到撞击能量（粒子高速度是通过超音速推进器来实现的）。干冰粒子为低温（−78.5℃）介质，清洗过程中干冰对被清洗污物表面热感应产生热效应，使清洗污物表面与干冰之间产生温差，不同材质之间温度下降使表面污垢龟裂，此时干冰撞击而破坏了表面污物的完整性，污物剥离表面，同于冰气化将污物带走，达到清洗之目的。干冰清洗技术属于划时代除垢的新技术，日前应用于模具清洗、电器除垢、发电机组及静电除污等。

干冰清洗热炉具有下优点：①干式除垢，利用停车机会进行，不影响生产；②干冰清洗后短时间气化无残留物，不产生二次废料；③干冰清洗为非破坏性除垢，不损坏设备。

30.3　干冰清洗流程说明

干冰清洗效率高，有别于高压水洗和喷沙清洗。在现场，使用0.6MPa的压缩空气，引射干冰粒子，对盘管进行机械性喷射数个小时，观察效果。清洗出来的污垢结灰从炉底的4个清灰孔人工收集。由于炉管结构特殊，喷嘴及工装器具需要清洗公司专门设计制造。经过效果验证，对盘管的损伤很小，对降低排烟温度、提高效率有帮助。

30.4　结语

提高热媒炉热效率关健是降低排烟热损失，而影响排烟热损失的主要因素是排烟温度t和空气过剩系数α，结灰污垢是影响排烟温度的主要因素。干冰清洗技术是去除结灰污垢的最佳技术手段。

第31章
热媒炉管的喷涂节能技术

31.1　概述

强化吸收涂层技术在国内外航空航天行业的应用已有十多年的历史，为航天器的发展做出了重要的贡献。近年来，人们将其应用在在节能、减排、延长设备使用寿命等方面，均取得了良好的应用效果。针对炼油、化工领域加热炉炉管的特点，上海乐恒石油化工集团有限公司（前身为上海乐恒实业有限公司）根据航天飞行器传热机理研制开发了LH-W-8金银丝强化吸收纳米涂料，使得加热炉管的热吸收能力达到最大化。

31.2　节能原理

加热炉是石油化工龙头装置的关键设备，同时也是能耗大户，它的能效比在很大程度上决定了整个生产流程的能效比水平。因此，加热炉的传热效率对节约能源有着至关重要的作用。陶瓷涂层技术在国外的应用实例证明，它可以最大化地提高炼油厂、冶金厂和化工厂加热炉管道的吸收负荷能力以及耐火炉衬表面的发射率。该项技术的应用，使得用户可以最大化地降低加热炉的能耗；提高加热炉生产区域或辐射区域的生产能力，做到产量更高、辐射段能力更强，并且提高了运行温度的均匀性，减少了加热炉污染物的产生，达到污染减排目的，同时提高了加热炉工艺管的冶金稳定性，延长了其使用寿命。

物质热传递主要有三种方式：传导（Conduction）、对流（Convection）和辐射（Radiation）。一切物体都能发射热辐射，其发射能量与表面热辐射特性、温度有关。其中，物体的表面热辐射特性，主要取决于辐射体本身的光学特性以及表面的微观形状。

根据基尔霍夫定律，在一定温度下材料的吸收率与发射率相等，即当物体表面的发射率提高后，它的吸收热量的能力也相应提高。能全部吸收辐射能的物体叫黑体，黑体的发射率和吸收率都为1。固体的发射率是指实际物体的辐射力与同温度下黑体辐射力的比值，习惯上也称为黑度。物体表面的发射率取决于物质种类、表面温度和表面状况，即只与发射辐射的物体本身有关，而不涉及外界条件。

在热辐射分析中，把光谱吸收比与波长无关的物体称为灰体。工业上通常遇到的热辐射，其主要波长区段位于红外线范围内，在此范围内允许出现大多数工程材料被当作灰体处理引起的误差。对于灰体，其吸收比为一常数，对于辐射表面具有漫射特性的灰体，无论投入辐射是否来自黑体，也不论是否处于热平衡状态，其吸收比恒等于同温度下的发射率（黑度）。发射率与吸收比都是温度的函数，且发射率与辐射物体的温度的四次方成正比。

热辐射投入到固体表面后，在一个极短的距离内就被吸收完毕。对于金属导体，这一距离只有1μm的数量级，因此热辐射可以在固体表面上只发生反射、吸收，而不发生穿透。热量反射与吸收的比例和为1，即固体吸收能力越大，反射能力越小。由于在高温条件下，热量传递以辐射为主，当被加热物体表面喷涂LH-W-8强化吸收涂料涂层后，极大地提高了被加热体吸收和发射热量的能力，在同样的加热条件下，由于传热能力的提高，必将大大提高热能的利用效率，从而达到节能的目的。

高温无机纳米涂层通常又被称为陶瓷涂层。陶瓷涂层技术有关能量吸收率的提高是通过喷涂陶瓷材料涂层改变了受热面表面的状况；在工艺管表面上，发射率的增加也意味着吸收比的增加，即在同温度下提高了受热面表面的热量吸收，见图31-1。

热辐射能量公式：

$$E = \varepsilon \cdot \sigma \cdot A \cdot T^4$$

式中　E——辐射能量，W；

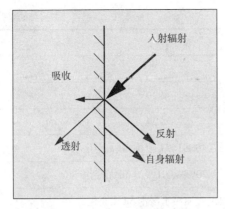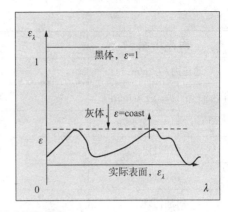

图31-1　热辐射原理图

ε——物质表面的发射率；

σ——斯蒂芬·玻尔兹曼常数，其数值为 5.67×10^{-8}W/（$m^2 \cdot K^4$）；

A——物质表面积，m^2；

T——物质表面绝对温度，K。

31.3　技术标准

LH-W-8强化吸收纳米涂料技术标准见表31-1。

表31-1　LH-W-8强化吸收纳米涂料技术标准

规格型号	LH-W-8
应用领域	炉管涂层
主要成分	TiO_2、Fe_2O_3、ZnO、MnO_2、CrO_3、Ce_2O_3、$CaCO_3$、MgO
颜色	灰色、绿色、咖啡色
辐射率/发射率	0.96
抗震性	≥5次（1000℃）
黏度/Pa·s	涂刷＜40、喷涂＜20
耐火强度/℃	≥1900
使用温度/℃	300～1800
厚度/mm	0.16～0.18
容重/g·cm³	1.78～2.2
寿命（物理寿命）/a	10

附着力/级		1~2
遮盖力/（kg/m²）		0.8
干燥时间 （25℃）	表干/min	≤20
	实干/h	≤24
耐酸性		5%~40%H₂SO₄浸泡5d无变化
耐碱性		5%~20%NaOH浸泡5d无变化
耐油污性		油田含油污水浸泡5d无变化
耐盐性		10%NaCl浸泡5d无变化
导热系数		0.36W/（m·K）

31.4 应用案例分析

加热炉是石油化工龙头装置的关键设备，同时也是能耗大户，它的能效比在很大程度上决定了整个生产流程的能效比水平。因此，加热炉的传热效率对节约能源有着至关重要的作用。

2011年是LY公司的大修年，考虑到加热炉能耗的重要性，在对加热炉进行常规的检修之外，还对炼油板块重整三合一炉和F-5101反应进料炉选择应用LH-W-8耐高温辐射节能涂料，于2011年9月设备检修期间完成施工。在装置平稳运行后，对两台加热炉使用LH-W-8强化吸收纳米涂料前后的各项数据进行比较（主要从炉膛温度、排烟温度、热效率、炉外壁温度等进行对比）。

1）重整三合一炉

①炉膛温度、排烟温度：在油品、加工负荷相同的情况下，采集重整三合一炉DCS上显示的数据，炉膛温度由使用前的平均737℃下降至697℃，下降了40℃，排烟温度由使用前的平均175.3℃下降至151℃，下降了24.3℃（见表31-2）。

表31-2 LH-W-8强化吸收纳米涂料前后参数对比表

使用前				使用后			
日期	处理量/ （t/h）	排烟温度/ ℃	炉膛温度/ ℃	日期	处理量/ （t/h）	排烟温度/ ℃	炉膛温度/ ℃
8.22	91	172	734	12.29	93	153	696

续表

使用前				使用后			
日期	处理量/ （t/h）	排烟温度/ ℃	炉膛温度/ ℃	日期	处理量/ （t/h）	排烟温度/ ℃	炉膛温度/ ℃
8.21	91	176	741	12.28	93	149	689
8.20	91	178	736	12.27	93	151	701
平均	91	175.3	737	平均	93	151	697

②热效率：根据采集数据计算得出数据（以下均为平均数据）。

使用前：氧含量为2.57%，排烟温度为375.3℃，热效率为89.25%。

使用后：氧含量为2.6%，排烟温度为151℃，热效率90.09%。

热效率提高了0.84%。

③炉外壁温度：通过对炉外壁红外热成像测试，使用前炉外温度平均70℃，使用后62℃，下降了8℃。

2）F-5101反应进料炉

①炉膛温度、排烟温度：在油品、加工负荷相同的情况下，采集DCS上显示的数据，炉膛温度由使用前的平均728℃下降至631℃，下降了97℃；排烟温度由使用前的平均153℃下降至126℃，下降了27℃，见表31-3。

表31-3　LH-W-8强化吸收纳米涂料前后参数对比表

使用前				使用后			
日期	处理量/ （t/h）	排烟温度/ ℃	炉膛温度/ ℃	日期	处理量/ （t/h）	排烟温度/ ℃	炉膛温度/ ℃
8.22	260	150	726	12.29	250	130	627
8.21	260	156	737	12.28	250	123	631
8.20	260	153	721	12.27	250	125	635
平均	260	153	728	平均	250	126	631

②热效率：采集加氢进料加热炉数据计算得出。

使用前：氧含量为3.1%，平均排烟温度为153℃，平均热效率为91.01%。

使用后：氧含量为2.7%，排烟温度为126℃，热效率92.52%。热效率提高了1.51%。

③炉外壁温度：通过对炉外壁红外线热成像测试，使用前炉外壁温度平均为70℃。使用后为60℃，下降了10℃。

结论：通过检修和对重整三合一炉与加氢车间F5101炉2台加热炉应用LH-W-8强化吸收纳米涂料后，达到了较好的应用效果：在相同工况下，排烟温度平均下降15℃以上，炉膛温度平均下降50℃左右，炉外壁温度平均下降10℃左右，加热炉热效率提高了1.0%左右。

31.5 项目施工执行标准

（1）《涂装作业安全规程——有限空间作业安全技术要求》 GB 12942—2006；
（2）《石油化工设备和管道涂料防腐蚀技术规范》 SH/T 3022—2011；
（3）《红外辐射涂料通用技术条件》 GB/T 4653—1984；
（4）《管式加热炉维护检修规程》 SHS/01006—2004；
（5）《石油化工工程建设交工技术文件规定》 SH 3503—2017；
（6）《石油化工施工安全技术规范》 SH 3505—2008；
（7）《高温无机涂层的制备方法》 QB/LH 8011—2010。

31.6 实施过程

实施过程见施工组织流程框图（图31-3）、喷涂作业项目示意图（图31-4）和喷涂施工示意图（图31-5）。注意：

（1）涂层厚度：按炉管材质，喷涂辐射陶瓷涂层0.16～0.2mm，每层喷涂4～6遍达到0.1mm。

（2）升温固化：涂层施工结束后自然表面晾干超过24h以上即可满足要求，不用专门升温烘炉，热炉运行升温过程即固化。

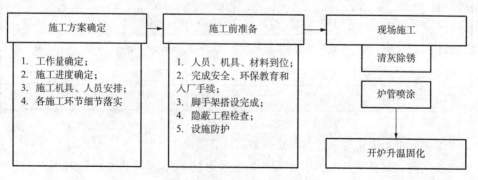

图31-3 施工组织流程框图

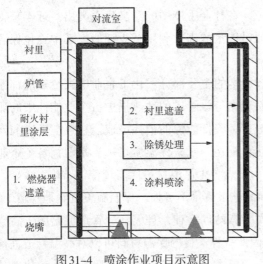

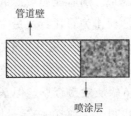

图 31-4　喷涂作业项目示意图　　　　　图 31-5　喷涂施工示意图

31.7　效果总结

（1）使用寿命：防止加热炉管壁结焦、结灰现象；陶瓷涂层的物理寿命可达10年以上。

（2）加热炉外表壁温度：在相同工况下炉外表壁温度平均下降10%。

（3）热炉节能：在相同工况下，排烟温度平均下降3%，提高热效率1.5%左右。

（4）降低了炉内废气排放量，具有显著的环保效益。

第32章

热媒管网热盾保温节能技术

32.1　概述

随着世界范围内能源的日趋紧张，特别是我国国民经济和工业的迅速发展，能源的需求量逐年快速增长。我国能源消耗的特点是不仅能耗大，能源利用效率也较低，单位GDP能耗是日本的7倍、美国的6倍。我国能源总量不足，短缺问题十分严重，具有持续发生、反复波动的特点。提高能源利用效率、节能减排就成为解决能源短缺的最有效方法之一，在社会生产中的意义日益突出。近年来，世界范围内倡导低碳经济，各国均通过能量的高效利用减少耗能，其中强化保温是行之有效的措施之一。

化工企业总用能量大，占生产成本的主要部分。化工企业中大量热能都通过管网输送，如蒸汽管网和高温物料管网等，管道的散热损失占企业能耗中的比例越来越重。随着能源资源的不断减少，降低能源的消耗已成现在急需解决的问题之一。而作为石化行业最主要的热量损耗问题，保温质量一直是困扰各个企业的"老大难"问题，究其根本，归纳为两点。①保温材料性能较差，导热系数高、抗拉伸强度差、防水性能差等。②保温施工质量不可控。保温施工虽然是隐蔽工程，属于A级质量检查点，但基本不作为旁站点检查，且大部分管道保温属于高空作业，也很难达到100%质量控制。因此一种优良的保温材料可以对高温管道进行保温，有利于减少能源浪费，降低生产成本；同时还可以减小隔热层体积从而减小设备、设施的体积，达到美观协调的效果。总的来讲，减少管道热损失对于落实国家"节能减排"政策、提高企业经济效益和社会经济效益具有非常重要的意义。

32.2　聚酯装置热媒管网现状

聚酯装置热媒管网现有保温结构为微孔硅酸钙+镀锌铁皮，经过多年运行之后微孔硅酸钙+镀锌铁皮结构出现保温体受潮下沉、保温材料老化、铁皮锈蚀严重等现象；微孔硅酸钙+镀锌铁皮结构则因保温材料导热系数高、保温厚度大、散热面积大，造成热媒管网散热损失较大。X装置热媒管网现平均散热强度为262W/m^2，超标30%。长期运行既浪费了能源，又降低了输送介质的出口温度和压力。所以选择一种超级绝热材料是减少运行管线能耗、提高企业效益的有效手段。热媒管线良好的保温质量不仅对进入各界区的温度有明显提高，且不易受阴雨天气的影响，也能满足企业直观节能与经济效益的需求，并能满足稳定生产的要求。

32.3　热盾绝热材料简介

32.3.1　绝热材料

绝热材料本身既是耐火材料，又能够阻断传热。其传热的四种形式有：辐射、传导、对流和分子间传热。热盾是真正意义的绝热材料。常温时，热盾的导热系数≤0.015W/（m·K），小于静止空气的导热系数。

32.3.2　热盾绝热原理

绝热材料的导热系数由固体传导、气体分子传导、气体对流传热和红外辐射传热决定。热盾（商品名称）是一种新型轻质纳米多孔材料，其独特的三维立体和纳米级孔隙结构，能够有效地隔断热传导和热对流，同时也能有效降低红外辐射传热。

32.4　热盾技术优势

32.4.1　传统保温结构的不足

采用传统材料保温结构，随着包裹厚度的增加会造成整体散热面积增大，必然会带来热损失的增加，管道末端温度和压力降低，热媒炉的负荷增加；隔热性能及结构性能较差，很容易受雨水等环境的影响，管线保温层会出现坍塌、上面变薄、纤维下沉的现象，造成保温层整体保温不均匀、吸水能力变强、容易腐蚀管线和管线变薄等现象，因此，达不到压力要求，存在安全隐患。综上所述，传统材料包裹管道，热损较大、总体保温寿命较短、性能衰减很快、维护周期频繁，最终造成大量人力和物力的浪费。

32.4.2　陶瓷纳米纤维棉（热盾）的性能特点

陶瓷纳米纤维棉具有优异的隔热性能，独特的纳米级结构及孔洞能够有效阻止热量传递，是目前导热系数最低的绝热材料，仅为传统保温材料的 1/3～1/5，可大幅减小保温厚度、减少散热面积、减少散热损失。陶瓷纳米纤维棉具备优异的整体防水性能，不会受潮、不会吸水腐蚀管道，确保隔热性能长期有效，是蒸汽管道和热媒管道保温材料的理想选择。陶瓷纳米纤维棉由于具有良好的机械性能，质轻、柔韧和优良的抗拉强度，因此，长期使用不沉降、变形，避免了其他保温材料在长期高温或受到振动而产生变形堆积和保温性能急剧下降的现象。该材料使用寿命长，在正常使用条件下，持续使用不低于 10 年。不同材料的导热系数见图 32-1。

32.5　热盾改造技术方案

32.5.1　基本情况介绍

对聚酯装置热媒管架现有的保温进行改造，全部采用热盾（陶瓷纳米纤维棉绝热材料）对管线进行保温改造。

陶瓷纳米纤维棉保温结构包括多层陶瓷纳米纤维棉、热容层、紧固结构和真空绝缘防护层。针对现场使用条件，根据工艺基础数据采用经济厚度法进行分析、模拟计算和工况验证，最终确定采用 40mm 厚多层陶瓷纳米纤维棉结构，保证达到改造后的技术要求。

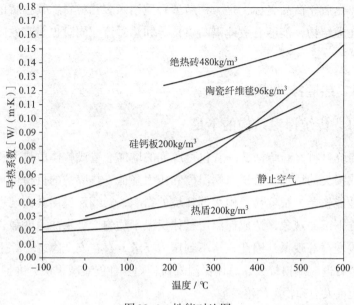

图32-1　性能对比图

多层陶瓷纳米纤维棉应分层施工、分层紧固，最大限度地减少保温体和被保温体的水平对流值；安装时逐层固定，采用同层错缝、内外层压缝方式敷设，搭缝位置不得布置在垂直中心线45°范围内。

根据拟采用陶瓷纳米纤维棉技术的部位实际尺寸，计算出陶瓷纳米纤维棉的预制尺寸，采用拟合和比对等施工方法将特殊部位逐层包裹、分层固定，达到最佳施工效果。

鉴于隔热支座的施工难度大、施工风险系数高，对系统的运行存在危险，同时，由于能耗占比较小（3%），因此，在对隔热支座进行保温层处理的情况下，暂时不对其更换；另外，隔热支座的更换成本较高，设备材料费用和施工费用约60万元，而投资回收期在10年以上，故建议不更换。

施工范围：从聚酯A、B、C、D单元南墙外侧到热媒炉进出口。具体技术参数见表32-1和表32-2。

表32-1　热媒管线保温结构表

序号	管段名称	外径/ mm	管道长度/ m	保温材料	现保温厚度/ mm
1	加热炉至总管（出加热炉）	325	200	微孔硅酸钙	150
2	总管（出加热炉）	530	16	微孔硅酸钙	150

续表

序号	管段名称	外径/mm	管道长度/m	保温材料	现保温厚度/mm
3	总管（出加热炉）	426	170	微孔硅酸钙	150
4	至各单元分支线（出加热炉）	273	380	微孔硅酸钙	150
5	各单元至总管（回加热炉）	273	380	微孔硅酸钙	150
6	总管（回加热炉）	530	16	微孔硅酸钙	150
7	总管（回加热炉）	426	170	微孔硅酸钙	150
8	总管至加热炉（回加热炉）	325	200	微孔硅酸钙	150
	合计		1530		

表31-2　热媒管线工艺参数表

	名称	流量/（t/h）	流量计位号	温度/℃	压力/MPa
管网入口	1#加热炉热媒入口温度，流量	465.5	FI-1044	290.6	
	3#加热炉热媒入口温度，流量	421	FI-3044	289	
	4#加热炉热媒入口温度，流量	513	FSL-3	295	
	5#加热炉热媒入口温度，流量	577	FI-5044	293	0.85
管网出口	1#加热炉热媒出口温度，流量	465.5	FI-1044	324.4	
	3#加热炉热媒出口温度，流量	421	FI-3044	327	
	4#加热炉热媒出口温度，流量	513	FSL-3	311	
	5#加热炉热媒出口温度，流量	577	FI-5044	322	0.53

注：GB/T 8174—2008《设备及管道绝热效果的测试及评价》中"第9.1.4条350℃时的允许最大散热损失值为188W/m²"。

32.5.2　聚酯热媒管网表面散热强度计算方法

1）编制及计算依据

GB 50264—2013《工业设备及管道绝热工程设计规范》

GB/T 2589—2008《综合能耗计算通则》

GB/T 8174—2008《设备及管道绝热效果的测试与评价》

GB/T 17357—2008《设备及管道绝热层表面热损失现场测定热流计法和表面

温度法》

2）现场测试数据

现场测试数据见表32-3～表32-13。

表32-3　2016年9月18日数据（未改造）

天气	晴	环境温度	30	保温厚度	140mm原保温	
测试日期	2016年9月18日			测试人	×××	
圆截面	点1	点2	点3	圆周平均	与环境温度差	平均温差
支架直管段	39.2	41.8	42.3	41.9	11.9	
弯头管段	58.2	40.5	36.7	45.54	15.54	
阀门保温盒	52.6	45.1	50.5	44.82	14.82	15.576
直管段	60.7	44.2	42.8	45.38	15.38	
过滤器盒件	60.6	51.6	46.5	50.24	20.24	

表32-4　2016年9月18日数据（已改造）

天气	晴	环境温度	31	风速		保温厚度	40mm热盾	
测试日期	2016年9月18日		测试时间	14:40	测试人	×××		
圆截面	点1	点2	点3	点4	点5	圆周平均	与环境温度差	平均温差
铝皮弯头	47.4	43.9	45.1	44.7	45	45.22	14.22	
铝皮直管段	42.5	38.1	43.8	35.5	36	39.18	8.18	
阀门保温盒	48.3	47.5	42.9	37.4	37.8	42.78	11.78	11.87
热盾直管段	44.7	55.1	43.5	39.5	40	44.56	13.56	
热盾弯头	45.5	40.7	45.1	41.6	40.2	42.62	11.62	

表32-5　2016年9月19日数据（未改造）

天气	晴	环境温度	31.3	风速		保温厚度	140mm原保温	
测试日期	2016年9月19日		测试时间	9:50	测试人	×××		
圆截面	点1	点2	点3	点4	点5	圆周平均	与环境温度差	平均温差
支架直管段	41.6	44.4	52.8	58	55.5	50.46	19.16	
弯头管段	68	40.6	38	47.8	69.5	52.78	21.48	
阀门保温盒	59.1	69.8	55	35	65	56.78	25.48	22.4
直管段	84.2	61	43.4	36.6	38.8	52.8	21.5	
过滤器盒件	65.5	71.7	46.7	60.5	34	55.68	24.38	

表32-6　2016年9月19日数据（已改造）

天气	晴	环境温度	31.5	风速		保温厚度	40mm热盾	
测试日期	2016年9月19日			测试时间	9:50	测试人	×××	
圆截面	点1	点2	点3	点4	点5	圆周平均	与环境温度差	平均温差
铝皮弯头	49.3	49.6	48	44.6	45.2	47.34	15.84	
铝皮直管段	45.7	37.8	47.1	35.2	35.2	40.2	8.7	
阀门保温盒	53	45.5	40.5	36.1	36.6	42.34	10.84	12.928
热盾直管段	39.2	59.2	47	40.2	41.2	45.36	13.86	
热盾弯头	55.2	51	47.4	40.4	40.5	46.9	15.4	

表32-7　2016年9月20日数据（未改造）

天气	晴	环境温度	27.5	风速		保温厚度	140mm原保温	
测试日期	2016年9月20日			测试时间	15:00	测试人	×××	
圆截面	点1	点2	点3	点4	点5	圆周平均	与环境温度差	平均温差
支架直管段	37.5	39.3	40.4	43.2	43.8	40.84	13.34	
弯头管段	56.6	38.8	33.2	39.2	47.5	43.06	15.56	
阀门保温盒	48.4	42.1	54.5	31.8	30.9	41.54	14.04	15.464
直管段	62	41.4	39.7	34.9	35.6	42.72	15.22	
过滤器盒件	60.5	50.7	43.8	45	33.3	46.66	19.16	

表32-8　2016年9月20日数据（已改造）

天气	晴	环境温度	28.5	风速		保温厚度	40mm热盾	
测试日期	2016年9月20日			测试时间	15:00	测试人	×××	
圆截面	点1	点2	点3	点4	点5	圆周平均	与环境温度差	平均温差
铝皮弯头	46	44.4	44.6	43.7	41.7	44.08	15.58	
铝皮直管段	41.1	35.6	43.5	33.5	34.6	37.66	9.16	
阀门保温盒	44.5	42.7	39.9	35.8	34.8	39.54	11.04	12.216
热盾直管段	38.8	43.2	42.4	40.7	38.1	40.64	12.14	
热盾弯头	44.4	40	44.5	39.4	40	41.66	13.16	

表32-9　2016年9月21日数据（未改造）

天气	晴	环境温度	23	风速		保温厚度	140mm原保温	
测试日期	2016年9月21日			测试时间	6:30	测试人	×××	
圆截面	点1	点2	点3	点4	点5	圆周平均	与环境温度差	平均温差
支架直管段	34.7	38.2	36.3	39.6	40.1	37.78	14.78	
弯头管段	53.9	31.8	28.9	35.2	44.5	38.86	15.86	
阀门保温盒	44.1	37.9	60	29	33.1	40.82	17.82	17.736
直管段	56.6	36.7	36.1	31	32.9	38.66	15.66	
过滤器盒件	58.5	45.5	41.7	63.6	28.5	47.56	24.56	

表32-10　2016年9月21日数据（已改造）

天气		环境温度	23	风速		保温厚度	40mm热盾	
测试日期	2016年9月21日			测试时间	6:30	测试人	×××	
圆截面	点1	点2	点3	点4	点5	圆周平均	与环境温度差	平均温差
铝皮弯头	40.5	41.1	40.9	40.6	39.2	40.46	17.46	
铝皮直管段	38.5	31.8	40.6	28.8	28	33.54	10.54	
阀门保温盒	40.6	36.3	34.8	30.1	28.9	34.14	11.14	12.392
热盾直管段	33.8	33	37.9	35.1	33.9	34.74	11.74	
热盾弯头	33.8	31.9	38.5	31.6	34.6	34.08	11.08	

表32-11　2016年9月22日数据（未改造）

天气	晴	环境温度	30	风速		保温厚度	140mm原保温	
测试日期	2016年9月22日			测试时间	7:15	测试人	×××	
圆截面	点1	点2	点3	点4	点5	圆周平均	与环境温度差	平均温差
支架直管段	39.7	40.5	38.9	40	40.5	39.92	15.62	
弯头管段	57.3	38	32.4	35.3	43.7	41.34	17.04	
阀门保温盒	45	39.6	56.1	29.7	34.7	41.02	16.72	17.588
直管段	53.5	40.2	39.9	34.4	31.3	39.86	15.56	
过滤器盒件	56.8	46.2	41.5	64	28	47.3	23	

表32-12　2016年9月22日数据（已改造）

天气	晴	环境温度	31	风速		保温厚度	40mm热盾	
测试日期	2016年9月22日		测试时间	7:15		测试人	×××	
圆截面	点1	点2	点3	点4	点5	圆周平均	与环境温度差	平均温差
铝皮弯头	39.8	38	41.4	42.1	40.5	40.36	16.06	
铝皮直管段	39	31.9	41.2	28.8	31	34.38	10.08	
阀门保温盒	40.6	38.5	36.1	31.4	29.2	35.16	10.86	12.556
热盾直管段	36.7	37.8	39.2	35.2	36	36.98	12.68	
热盾弯头	39.5	37.2	42.8	31.9	35.6	37.4	13.1	

表32-13　测量数据汇总表

测试时间	9月18日	9月19日	9月20日	9月21日	9月22日	平均值
原保温与环境温差	15.58	22.40	15.46	17.74	17.59	17.75
热盾与环境温差	11.87	12.93	12.22	12.39	12.56	12.39
差值	3.71	9.47	3.24	5.35	5.03	5.36

从表32-13中可以看出，改造前后温度对比差值为5.36℃。

3）表面散热强度计算

根据GB/T 17357—2008附录A"1.2露天布置的管道及设备"，可按式（A.3）计算表面换热系数α：

$$\alpha = 11.63 + 7.0\sqrt{\omega}$$

式中　ω——风速，m/s。

热流密度（表面散热强度）：

$$q = \alpha \times (T_W - T_F)$$

式中　q——热流密度，W/m^2；

α——表面换热系数，W/（m$^2 \cdot$K）；

T_W——表面温度，K；

T_F——环境温度，K。

风速ω为0.2m/s，经计算$\alpha = 11.63 + 7.0\sqrt{\omega} = 11.63 + 7.0 \times 0.447 = 14.76$；

根据$q = \alpha \times (T_W - T_F) = 14.76 \times (T_W - T_F)$；

原保温表面散热强度$q = 14.76 \times 17.75 = 262$W/m^2；

热盾表面散热强度 $q=14.76\times12.39=182.9W/m^2$。

4）结论

热盾表面散热强度为 $182.9W/m^2$，小于标准值 $188W/m^2$。

对比旧保温设施，热盾散热强度下降30%。

32.6 验收标准

32.6.1 材料性能

因陶瓷纳米纤维棉为新型保温材料，为确保隔热效果达到预期指标，对材料性能有如下要求，见表32-14。

表32-14 陶瓷纳米纤维棉技术参数一览表

序号	检测项目	陶瓷纳米纤维棉	检测标准
1	导热系数 600℃热面	≯0.055W/（m·K）	YB/T 4310—2005《耐火材料导热系数试验方法（水流量平板法）》
2	体积密度	≯200kg/m³	GB 50264—2013《工业设备及管道绝热工程设计规范》
3	含水率	≯1%	GB 50264—2013《工业设备及管道绝热工程设计规范》
4	憎水率	≮98%	GB/T 16400—2003《绝热用硅酸铝棉及制品》
5	体积吸水率	≯3%	GB/T 16400—2003《绝热用硅酸铝棉及制品》
6	燃烧性能	A1	GB/T 16400—2003《绝热用硅酸铝棉及制品》
7	氧化铝含量	≥30%	GB/T 6900—2006《铝硅系耐火材料化学分析方法》
8	最高使用温度1000℃·24h线变化	≯3%	GB/T 16400—2003《绝热用硅酸铝棉及制品》
9	25℃浸出液pH值	7～8	GB/T 16400—2003《绝热用硅酸铝棉及制品》

32.6.2 工程验收标准

改造后，符合GB/T 8174—2008《设备及管道绝热效果的测试与评价》，保温体应采用4层10mm厚陶瓷纳米纤维棉施工，改造后保温体表面散热强度应满足国标要求，即 $\geqslant 188\text{W/m}^2$。

32.7 节能效果及效益分析

32.7.1 节能效果

采用陶瓷纳米纤维棉技术对热媒管线保温结构改造后，改造后散热面积由 3011m^2 减小为 1952m^2，减少了 35%；散热强度由改造前的平均 262W/m^2 减小为 183W/m^2，减少了 30%。管线年散热量由原来的 27177 GJ 减少至 8385 GJ，年节能量 18792 GJ，节能率为 67.5%。

天然气热值按 37.83MJ/m^3，热媒炉热效率按 90% 计算，年节约天然气 $552 \times 10^4 \text{ m}^3$。

32.7.2 效益分析

按照天然气价格 2.16 元 $/\text{Nm}^3$ 计算，项目实施后，年节省费用 120 万元。陶瓷纳米纤维棉保温节能改造总投资 360 万元，投资回收期为 3 年。

32.8 结语

由于陶瓷纳米纤维棉具有优异的隔热性能，独特的纳米级结构及孔洞能够有效阻止热量传递，是目前导热系数最低的绝热材料，可大幅减小保温厚度、减少散热面积、减少散热损失。同时，具备优异的整体防水性能，不会受潮、不会吸水腐蚀管道，隔热性能长期有效，是蒸汽管道和热媒管道保温材料的理想选择，值得推广应用。

第33章

热媒离心泵替代屏蔽泵技术

33.1 概述

聚酯装置热媒炉区的热媒泵（位号30P02）在线共有立式带水夹套的屏蔽泵数台，一般情况下每个装置在线四台屏蔽泵，使用状态为三用一备。该泵原制造厂家为日本NIKKISO，由于属大功率屏蔽泵，一直依赖某公司进行维护检修。多年来，30P02立式屏蔽泵一直处于故障率高、维修费高、安装难度高等"多高"状态，每年均有2~3台屏蔽泵发生故障而不得不外协检修，而每次热媒泵故障，均需使用200t吊车进行吊装更换，安装难度大，费用也高。另外，30P02检修周期长，一般在6~12月。因此，根据30P02的使用状况与管理需求，为降低30P02立式屏蔽泵的维修难度与费用，保障装置生产稳定，并降低电耗，对30P02立式屏蔽泵改造为高质离心泵进行了调查与攻关分析。

33.2 30P02立式屏蔽泵改造为高资离心泵的可行性

由于30P02立式热媒泵为大功率带水夹套屏蔽泵，体积较大，并且4台集中布置，现场管道及支架较多、走向复杂且受场地所限，给30P02立式屏蔽泵改造为高质离心泵增加了难度，因此对于30P02由屏蔽泵改高质泵的安装位置及尺寸需要进行逐一确认。

33.2.1 30P02屏蔽泵安装现场设备、管道支架布置状况

装置4台立式屏蔽泵布置及该区域尺寸见图33-1~图33-3，该区域总长18.5m，宽6.2m，泵与泵之间的间距均为4m。该区域的装置区别主要在于管道支架的布置位置与所占面积有较大不同，X装置管道支架为300mm工字钢，所占区域较小且较为靠边，空间也最为广阔；Y装置次之，管道支架为300mmH钢；Z装置管道支架所占区域面积最大，空间也最为狭小，管道支架为250mmH钢。另外，三个装置电缆槽架的安装也略有不同，但区别不大：电缆槽架距西侧围堰均为2m左右，X装置电缆槽架高2m，Y装置电缆槽架高2.15m，Z装置电缆槽架高2m。高质离心泵的安装位置主要受管道支架与电缆槽架的影响。

33.2.2 30P02高质离心泵安装所需尺寸

根据与高质泵厂家技术交流提供的30P02高质离心泵单泵安装尺寸图（见图33-4），泵底座长3048mm，宽1397mm。对X装置更新的130P02.5/6高质离心泵安装尺寸进行了测量，单泵底座长3m、宽1.4m，两泵间留有0.2m间距，双泵并列安装长3m×宽3m，泵的进口管线水平管段长1.9m（含弯头部分及保温），因此，双泵并列安装所需尺寸为5m×3m，单泵安装所需尺寸为5m×1.4m。

33.3 30P02立式屏蔽泵改高质泵的可行性

结合30P02高质泵安装尺寸图与各装置30P02立式屏蔽泵区域尺寸简图，综合

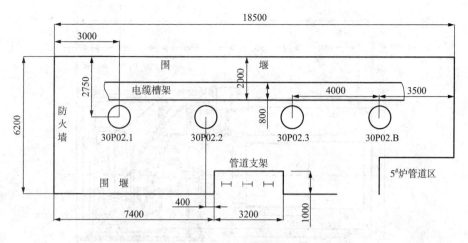

图33-1　X装置30P02立式屏蔽泵区域尺寸简图

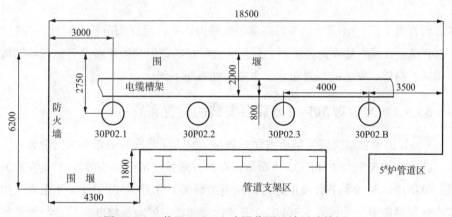

图33-2　Y装置30P02立式屏蔽泵区域尺寸简图

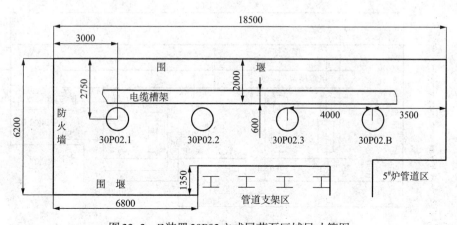

图33-3　Z装置30P02立式屏蔽泵区域尺寸简图

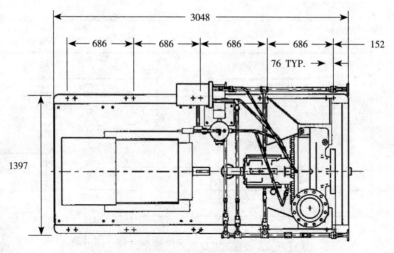

图33-4　30P02高质离心泵单泵安装尺寸图

考虑到管道支架、电缆槽架等对高质泵安装的影响，经详细分析与对比，各装置4台30P02立式屏蔽泵改为高质离心泵是完全可行的，但是由于各装置该区域结构不尽相同，高质泵安装的位置布置、方向等便有所不同。

33.3.1　X装置30P02高质泵安装的位置布置

X装置由于管道支架区域所占面积最小，对高质泵安装的影响在三个装置中最小，高质泵的安装大致如图33-5所示，东西方向长度足够，还可留出1m左右的通道，泵的进口管线水平管段正好可以从电缆槽架下穿过。30P02.1高质泵安装位置基本与原屏蔽泵一个位置，30P02.2安装位置相较原屏蔽泵略往南移，与管道支架

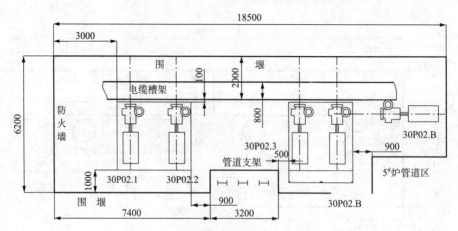

图33-5　X装置30P02高质离心泵安装位置示意图

间留出足够的通道（0.9~1.4m）。相对30P02.1/2而言，30P02.3/B的安装略显紧张：一种方案是两台泵并列安装，在确保两泵并列安装宽度最小3m的前提下，泵两侧通道如图33-5所示相对较小；另一种方案为30P02.3单泵东西向安装，30P02.B单泵南北向安装，这样虽然对称性不强，但可以空出足够的通道。

33.3.2　Y装置30P02高质泵安装的位置布置

Y装置由于管道支架所占区域最大，对立式屏蔽泵改为高质泵的安装空间影响也最大。由图33-2可见，长度达到6.2m，最大的区域最大只有4.3m。由于管道支架区域电缆槽架与管道支架间的距离只有2.4m，高质泵东西向无法布置，只能考虑南北向布置，如图33-6所示。30P02.1/2并列南北向布置，在南侧防火墙边留出一定距离通道。考虑到原30P02.1/2拆除后，电缆槽架可以拆除部分，并且高质泵的出口管道中心与泵中心有368mm的距离，因此，30P02.1/2并列南北向布置，泵的基座部分可以位于电缆槽架下面；而30P02.3/B由于往北有较大长度，但宽度较小，为尽量与原屏蔽泵安装位置接近，且考虑留出足够的通道，此2台泵完全可以设置成单台南北向安装，安装位置既不受影响，又可留出足够的通道。

33.3.3　Z装置30P02高质泵安装的位置布置

Z装置管道支架所占区域也较大，但相对Y装置要好得多，南侧6.2m，宽的区域达6.8m（如图33-7所示），可将装置30P02.1/2东西向并列安装。北侧受管道支架影响，东西向安装距离不够，可采用单台南北向安装，如此显得较为宽广，有足够的通道。

33.4　30P02立式屏蔽泵改造对生产的影响

X装置30P02立式屏蔽泵改造由于可以实现4台泵逐台进行改造，只要泵的进、出口阀门可以关死，可以一台一台地进行更新改造，基本不影响生产。

Y装置由于4台泵均采用南北布置，必须2台一起改造。2台泵一起改造的情况下，只能运行4台热媒炉。正常4条生产线均在运行的情况下，一旦其中1台热媒炉故障停炉，将直接影响生产，建议在一条生产线停车检修时实施。

Z装置南侧2台泵东西向布置，如果先改最南侧的30P02.1也能实现单台改造，但受管道的影响较大，最好也是2台泵一起改造；北侧2台泵南北向布置，希望2台泵一起改造。2台泵一起改造对生产的影响同Y装置一样，4条线正常生产运行4台热媒炉，一旦其中1台热媒炉故障将直接影响，最好在停车检修时实施。

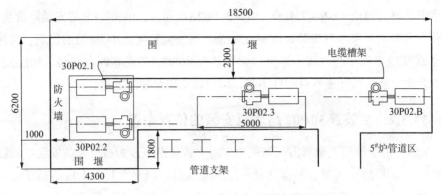

图33-6 Y装置30P02高质离心泵安装位置示意图

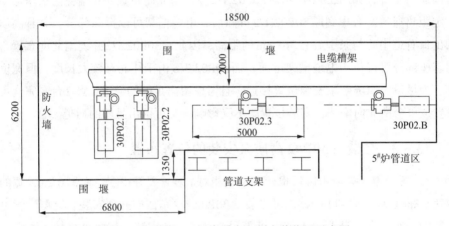

图33-7 Z装置30P02高质离心泵安装位置示意图

33.5 30P02屏蔽泵改高质泵后效果分析

每台泵改造设备、材料（含变频器）费用与安装费用共需65万元左右。泵的改造费用一年半左右可收回投资。优点主要有：

（1）高质泵效率高，运行可靠。改造后运行效果比较好，振动低。

（2）节能明显，每台泵电流下降110A左右，每台每年节约电费31万元。

（3）节约了修理费。改高质泵后，维修方便、故障率低，一般只需对机械密封件进行更换与维护。而原屏蔽泵2~3年故障一次，安装与修理费共需20万元。

33.6 结论

综上所述，聚酯装置立式带水夹套屏蔽泵改造为高质离心泵是可行的，管道的安装改造虽然工作量较大，但也是可以实现的。

第34章

热媒炉低氮燃烧技术

34.1　概述

随着社会经济的发展及国内对环保问题日益重视，污染物减排已经成为我国刻不容缓的大事。热媒炉作为聚酯装置中常用动力设备，其污染物的主要成分是氮氧化物。国家在锅炉烟气排放上的标准有 GB 13271—2014《锅炉大气污染物排放标准》和 GB 31571—2015《石油化学工业污染物排放标准》等，北京和上海等省市执行更严格的地区标准。

氮氧化物主要是 NO 和 NO_2，其次是 N_2O、N_2O_3、N_2O_4 和 N_2O_5，大多数是在燃烧过程中形成的。其中，NO 是无色、无刺激、不活泼的气体，在阳光照射下，能够迅速被氧化为 NO_2。同时，NO_2 也会分解为 NO，所以大气中的 NO 和 NO_2 以及其他氮氧化物自成一个循环系统，统称为 NO_x。

NO_x 的危害性主要体现在对人类健康、作物生长及全球大气环境的影响。

首先，在空气中，随着 NO 浓度增大，其毒性明显增加，而 NO_2 的毒性更大，约为 NO 的 4～5 倍，NO 可转化为 NO_2。NO_2 还对呼吸器官黏膜有强烈的刺激作用，引起肺气肿或肺癌。此外，NO_2 对人体的心、肝、肾和造血组织均有损害作用。NO_2 还参与光化学烟雾的形成，NO_2 和 NO 在太阳光的照射下，生成以 O_2、PAN（过氧乙酰基硝酸酯）和 H_2S（如有 SO_2 存在时）为主要成分光化学氧化物，这种光化学烟雾会减少可见度，伤害人的眼睛与呼吸道，且 PAN（过氧乙酰基硝酸酯）有致癌作用。

其次，NO 破坏了平流层中的臭氧层，使臭氧层越来越少，对地面生物造成危害，可能引起农作物和森林树木枯黄及农作物产量降低、品质变差等，随着污染物质的扩散可危及周边广大地区。NO_x 和 SO_x 与粉尘共存可生成毒性更大的硝酸或酸盐气溶液，形成酸雨。酸雨将会破坏作物的营养循环，酸雾与臭氧结合会损坏树木的细胞膜，从而破坏光合作用。由于酸雾使树木从大气中吸收更多的氮，树木在生长季节结束后会降低抗严寒和抗干旱的能力。此外，酸雨还会引起土壤酸化、贫瘠，造成水体污染等。

第三，N_2O能吸收红外辐射，导致温室效应。虽然N_2O在大气中的含量比CO_2低得多，但是因其吸收红外线的能力是CO_2的两倍以上，故能造成温室效应。

从大气污染物的来源看，NO_x主要来源有三个方面：一是燃料直接燃烧；二是工业生产过程；三是交通运输。在我国，燃料燃烧、工业生产和机动车所产生的NO_x量比例分别为70%、20%和10%。因此，掌握低NO_x燃烧技术是我们亟待解决的问题。

由于燃烧过程生成的NO_x主要是NO，因此，研究燃烧过程中NO_x的生成途径主要是研究NO的生成途径。燃烧中NO的生成途径主要有以下几种。

（1）热力型NO，也称温度型NO，简称T–NO。它是由空气中的氮气在高温下（1500K）氧化而生成的。热力型NO有两种：

①捷力多维奇NO（Zeldovich NO），是烃类或非烃类燃料在过剩空气系数$\alpha>1$条件下和非烃类燃料在$\alpha<1$条件下燃烧生成的。

②快速型NO（Prompt NO），有时也称瞬时型NO，简写为P–NO。是烃类燃料在过剩空气系数$\alpha<1$条件下，即燃料过浓时燃烧产生的。

（2）燃料型NO（Fuel NO），简写为F–NO。它是燃料中含氮化合物在燃烧过程中氧化而生成的。

根据T–NO生成机理及T–NO生成速度可知，影响NO生成速度的主要因素是所在区域的局部状态参数，即该区域的温度、氧气浓度、氮气浓度及气体在区域内的停留时间。如果助燃不采用富氧空气，则氮的浓度基本上不变，影响因素主要是燃烧区域温度、氧气浓度和混合物停留时间三个因素。如果燃烧是在一定压力下进行的，还应考虑压力因素的影响。

根据燃烧过程中氮氧化物的生成机理可以知道，在低氮燃烧设备的设计过程中，应着重考虑燃烧区域的温度、氧气浓度和混合物停留时间。现有的新型低氮燃烧技术，如燃气空气分级技术、浓淡燃烧技术、全预混燃烧技术以及烟气再循环技术等，均从不同切入点来抑制燃烧过程中的氮氧化物的生成。

34.2 低氮燃烧生成过程数值计算技术

34.2.1 数值计算在燃烧设备开发过程中的作用

目前燃烧设备工业面临着市场全球化，不同国家或地区对燃烧设备污染物排放和环境保护均有不同的要求。这便都对燃烧设备的设计和生产提出更高的要求。传统的产品研发、初试、中试再到工厂运行的方法已经显示出时效滞后的缺点。燃烧设备专业生产厂经常要把过程设计、产品研发和生产过程等结合起来，这就需要快捷的产品开发和分析工具来研制新的高效低污染燃烧设备。燃烧过程和污染物的数值计算在这方面可起到很好的辅助和指导作用。

对燃烧污染物生产过程的数学描述和计算机数值计算技术已作为一种重要的设计和分析工具，逐步运用到工业燃烧设备的设计、生产和运行过程之中。燃烧过程、污染物生成过程的数学数值计算技术的应用则改变了传统的设计过程。

数值计算技术（CFD）相当于"虚拟"地在计算机上做实验，用以模拟实际的流体流动、传热、燃烧产物的情况，其基本原理则是数值求解控制流体流动、传热、传质的微分方程，得出流体流动的流场、温度场、浓度场在连续区域上的离散分布，从而近似模拟流体流动及浓度分布情况。

对于大型工业燃烧设备，当热负荷较高、在全尺寸热态实验无法进行时，数值计算可以提供一个切实可行的辅助预测方法。大型燃烧设备的燃烧和流体流动过程比较复杂，由于条件所限，一般无法进行全流场和多点的全面测量。而燃烧过程的数值设计可提供一种有力的方法以进行全流场和多点分析。大多工程燃烧应用计算程序均使用计算流体动力学的方法进行湍流、热辐射和燃烧现场的数值计算。

燃烧数值计算方法可以用来了解流体的总体特性、比较不同的设计方案、了解不同参数变化对总体状况的影响，并可迅速改变设计参数、评估设备的总体性能。重要的过程参数，例如在控制区内的每一点的压力、速度、密度、温度和浓度等均可以通过计算获得。这是物理模拟和多点测量无法比拟的。通过计算模拟来调整不同的运行参数，进而可以实现优化运行状况、提高生产效率、降低污染的目的。同时，燃烧数值计算技术不仅是研发工具，而且也能应用于生产工艺过程和操作运行的改进。

目前的燃烧数值计算方法与实验方法、理论方法相比，尽管数值计算方法发展较快，并已被证明是一种有效的设计工具，但还不能替代实验与理论两种传统方法。需要指出的是，由于数值计算方法在燃烧氮氧化物预测的应用领域及其准确度上还存在一些困难和问题，该方法多用于低氮氧化物设备的设计指导和运行故障诊断方面，还不能完全用于准确预报实际工业燃烧氮氧化物的排放量。

对于大型工业燃烧设备而言，燃烧组分的混合过程比起它们之间化学反应时间相对较慢，所以燃烧组分的混合速度决定着整个燃烧过程的速率。工业燃烧过程主要是由混合过程控制的。例如，扩散或非预混燃烧在工业燃烧过程中占有主导地位，求解守恒方程来得到组分比例已足以确定主要燃烧组分的浓度和温度场。在燃烧数值计算的初始阶段，以计算燃烧放热和热辐射为主。绝大部分燃烧产物只是二氧化碳、水蒸气以及不参加反应的氮气。然而，随着环境保护日益被重视，燃烧产物中的微量成分和飞尘已列入环保标准，如氮氧化物等。由于氮氧化物生产的化学过程相对比较缓慢，在燃烧数值计算过程中其化学反应速度则不可忽略。这些都增加了计算的复杂性和氮氧化物预报的不准确性。因为燃烧过程大部分在湍流范围内，而湍流模型的求解已被证明是一个较复杂的过程。这也是造成燃烧计算和预测结果不确定性的另一主要原因。用户需要相当的经验来判断燃烧数值计算结果并用于指导工程应用。燃烧过程是有化学反应参与的流动过程，其计算要比无化学反应的流动复杂得多，需要根据求解时间和所需结果来确定选择反应流动或非反应流动模拟。在一些燃烧设备的局部区域，预测误差较大，但根据经验这些区域计算结果的误差可以预测，并在分析结果时给予足够的注意。当积累一定的燃烧数值计算经验后，可将计算条件和结果的误差控制在一定范围之内。

目前燃烧数值计算的商用软件发展较为迅速，原因有两点：第一，燃烧工程设计除了采用昂贵的热工试验和过分简化的工程模型，还没有比现有数值计算软件更好的模拟工具；第二，数值计算的结果经常会揭示一些非常重要的燃烧物理化学现象，而这些现象用传统方法是很难发现的。

例如，在研制开发大型锅炉燃烧器的过程中，通常受到实验炉尺寸的局限，只能测试全尺寸的单一燃烧器。根据经验，这种实验的结果与单一燃烧器的工业运行参数相当吻合，但是当需要使用多只燃烧器时，由于燃烧器火焰之间相互作用，可引起火焰长度和火焰温度分布的很大变化。这种情况在大型锅炉低氮氧化物燃烧器的实际运行中尤为明显，其对氮氧化物的生产量有很大影响。由于分段燃烧、烟气循环，燃气/空气和烟气混合比例的变化很大，使燃烧器经常遇到氮氧化物的预测及火焰长度的控制问题。建立大型多燃烧器的试验装置是一个技术和经济上均比较困难的方案，因此燃烧数值方法可以在这个领域进行系统和有效的分析，给出氮氧化物生产量的预测结果。

34.2.2　燃烧过程数值计算基础

1）CFD的基本原理

数值计算过程中，将流动、传热与传质过程通过质量守恒、动量守恒和能量守恒来描述，表达这些守恒定律的偏微分方程便成为控制方程。使一个过程区别于另一个过程的单值性条件分为初始条件与边界条件，控制方程及相应的初始条件、边界条件的组合即构成了对一个物理过程（或物理模型）的完整的数学描述。对于流动问题的数学模拟就可以简化为确定正确的初始条件、边界条件，根据流动特点选用合适的守恒方程进行数学求解。对于燃烧问题，涉及化学组分质量传递、化学反应等过程，也都应有相应的控制方程和边界条件。

数值求解的基本思想是：把原来在空间坐标中连续的物理量的场（如速度场、温度场、浓度场等），用一系列有限个离散点上的值的集合来代替，通过一定的原则建立起这些离散点上变量值之间关系的代数方程（称为离散方程），求解所建立起来的代数方程以获得求解变量的近似值。

CFD中的FLUENT软件是基于有限容积法（Finite Volume Method）的软件。其基本思路是：将计算区域划分为一系列不重复的控制体积，并使每个网格点周围有一个控制体积；将待解的微分方程对每一个控制体积积分，便得出一组离散方程。有限体积法的基本思路易于理解，并能得出直接的物理解释。离散方程的物理意义就是因变量在有限大小的控制体积中的守恒原理。如同微分方程表示因变量在无限小的控制体积中的守恒原理一样。有限体积法得出的离散方程，要求因变量的积分守恒对任意一组控制体积都得到满足，对整个计算区域，自然也得到满足。这是有限体积法吸引人的优点，即使在粗网格情况下，也显示出准确的积分守恒。

2）求解步骤

流体动力学数值计算的求解按以下步骤进行：

①建立控制方程及初始条件和边界条件；

②区域离散化；

③选择某种合理的计算公式，把控制方程离散成一组代数方程组；

④求解代数方程组；

⑤结果分析和讨论。

目前有许多商业化流体动力学数值计算软件可供使用，例如FLUENT、CFX和CINAR等，这些软件都配备有方便用户使用的界面，可以应用于计算流体流动、热传递、化学组分的传递和反应过程等。

上面的各微分方程相互耦合，具有很强的非线性特征，利用数值方法进行求解，需要对实际问题的求解区域进行离散。在FLUENT软件中采用有限容积法进行离散，离散后的微分方程组就变成了代数方程组。

通过离散，难以求解的微分方程变成了容易求解的代数方程。采用一定的数值计算方法求解上面的方程，即可获得流场的离散分布，从而模拟出流动的情况。

3）求解方法

不同的计算机软件的使用范围和准确程度有所差异，但是使用的基本计算原理和方法是相同的。通常分为三大模块：预处理块、求解块，相互关联块。

确定求解问题的区域对于工业应用场合很重要。往往选择和确定数值计算模型的边界很困难，比如数值计算可对固体燃料燃烧时炉排的空气分布进行模拟，但对炉排上燃料层中挥发分和固定炭的燃烧则较难确定。对于工业低污染燃烧器来讲，其燃料供应和空气流动包括燃气空气分级流动、旋转流动及炉内高温燃烧化学反应，会造成确定和划分几何区域变得较复杂。在这些区域，选用合适的计算网格技术及区域离散化是数值计算的关键步骤。

4）常用的CFD数值计算软件

大多数工业燃烧使用CFD的计算程序进行湍流、热辐射和燃烧现象的数值计算。当需要计算氮氧化物生产量时，通常的方法是在主计算程序上外加氮氧化物计算程序模块。随着CFD及计算机技术的发展，目前有许多CFD数值计算软件可供燃烧研究和工业使用。现在已有FLUENT、PHOENICS、CFX等多种成熟的CFD商业软件可以在计算机上应用并取得了令人满意的效果。通过可视化的后处理，单调繁杂的数值求解结果可以形象直观地表示出来，不仅能显示静态的速度场、温度场图片，而且能显示流场的流线和轨迹线动画，非常形象生动，甚至便于非专业人士理解。燃烧技术工程师应根据自己的实际工程问题与CFD数值计算专家共同讨论，来决定选用合适的计算软件。

FLUENT是目前国际上比较流行的商用CFD软件包，它具有丰富的物理模型、先进的数值方法及强大的前、后处理功能。

34.3　工业燃烧设备低氮燃烧技术

随着环境保护标准的日益提高，工业燃烧设备的低氮燃烧技术也在不断进步。一般的低氮燃烧技术有空气燃气分级、浓淡燃烧以及烟气再循环等。下面主要介绍浓淡燃烧和烟气再循环两种常用的低氮燃烧技术。

34.3.1　浓淡燃烧技术

浓淡燃烧是一种低NO_x燃烧技术，它通过燃料和空气的不同配比，使燃料的燃烧分别在燃料过浓、燃料过淡和燃烬三个区域分阶段完成，从而达到在燃烧过程中抑制NO_x生成的目的。

在燃料过浓区域，部分燃料在空气供给不足条件下完成一次燃烧，形成所谓浓火焰。同时在燃料过淡区域，另一部分燃料由于空气供给过剩形成淡火焰。在燃烬区域，浓、淡火焰在一次燃烧后分别将剩余的可燃成分与氧进行二次燃烧。浓淡燃烧经过两种火焰的两次燃烧，最后实现完全燃烧，因此浓淡燃烧是一种总过程的燃料与空气比接近理论当量比而各自燃烧在非化学当量比下进行的阶段性燃烧，它是常用的低NO_x燃烧技术之一。

为了抑制NO_x的生成，浓淡火焰各自燃烧均偏离化学当量比进行。浓火焰在获得低NO_x燃烧的同时，往往会导致大量的CO生成，此外，淡火焰燃烧时，由于过剩空气系数较大（一般大于1.3），火焰传播速度较低，故容易发生脱火，燃烧不稳定。如果燃烧在冷却条件较强的炉膛内进行，上述问题显得更加突出。因此，能否在降低NO_x的同时，防止CO生成的增加，并保证淡火焰的稳定，是组织浓淡燃烧的关键。

浓淡低NO_x燃烧技术既可应用于大型燃烧设备，也可用于单体低NO_x燃烧器的研制。对于大型燃烧设备，把燃烧器分组，使其分别形成浓火焰和淡火焰，在炉膛内组织浓淡燃烧降低NO_x的生成。低NO_x浓淡燃烧器是利用自身结构组织燃烧，受燃烧室条件影响较小，具有较稳定的降低NO_x效果。

浓淡燃烧抑制NO_x生成的原理：

（1）燃气燃烧过程中生成的NO_x主要为$T-NO_x$，它生成于火焰面背后的氧气供给充足的高温区，而且当温度大于1300℃时，$T-NO_x$生成才显著。因此，NO_x生成需要高温和氧两个必备条件。

（2）浓淡燃烧的浓火焰的空气供给小于其化学当量值，燃料的燃烧热得不到完全释放，限值了燃烧温度的提高。燃烧反应开始后，可燃混合物中的氧很快被耗完，使火焰面背后氧浓度很低。由于燃烧呈还原气氛，有可能发生一些NO_x的还原反应，使生成的NO_x部分裂解成无害的N_2。因此，浓火焰较低燃烧温度和燃烧的还原气氛有效地抑制了NO_x的生成。

（3）浓淡燃烧的淡火焰的空气供给大于其化学当量值，燃烧过程中由于过剩空气存在，有效地降低了燃烧温度。虽然火焰面背后氧含量很高，但由于火焰温度低，NO_x的生成反应无法得到其生成必需的较高的活化能，NO_x的生成量也很小。

（4）浓淡燃烧的二次燃烧是在浓、淡火焰的一次燃烧分别完成后进行的，由于CO_2和H_2O等一次燃烧产物的存在，致使反应区温度和氧浓度均较低，NO_x的生成也受到了抑制。

（5）浓淡燃烧通过火焰和燃烧过程的组织，对燃烧温度和火焰高温区氧含量进行控制，有效地降低了燃烧过程中NO_x的生成。

34.3.2　烟气再循环技术

在锅炉燃烧过程中，通过将部分燃烧烟气引至燃烧区域，可以有效降低炉内温度，同时也能降低烟气和空气混合物中的氧浓度。这一方面有利于减少高温型NO_x的生成，另一方面也减少了中间产物含氮基团和氧的反应，一部分就会转化成分子N_2，因此，也有利于减少燃料型NO_x的生成。也有人认为烟气再循环对减少燃料型NO_x基本没有效果，原因是：燃料N分解产生的中间产物在过剩空气系数大于1以及温度小于1000℃时都已经迅速地氧化成燃料型NO_x，而现有燃烧方法的炉温一般都超过1000℃，因而对减少燃料型NO_x没有效果。但烟气再循环能有效地降低NO_x的排放量：当循环率为15%～20%时，采用天然气为燃料下，NO_x排放浓度可以降低35%左右；如采用燃油为燃料，可以降低10%～30%。

需要说明的是，采用烟气再循环，当再循环率在一定范围内时，可以使燃烧器出口速度增大、燃料和空气混合加强，对改善燃烧有一定效果。该法常常与二段燃烧法结合使用。

34.4   北京航天11所低氮燃烧技术特点

34.4.1   低氮氧燃烧器

中国石化公司热媒炉采用了北京航天十一所设计制造的强制通风型低氮氧燃烧器，以天然气为主燃料，沼气为辅燃料。燃烧器采用空气分级和炉内尾缘回流烟气循环相结合的燃烧技术。此燃烧技术为北京航天11所的专有技术，专利号201510520158.6《尾缘回流分级低氮氧燃气燃烧器》。

尾缘回流：炉内尾缘回流烟气循环技术是在火道设计中增加了特殊设计的尾缘烟气回流技术。外围助燃风高速流过烟气回流翅片圈后，在烟气回流圈翅片后形成钝体负压区，将炉膛烟气从回流孔吸入，和二次风相互掺混，降低助燃风的氧含量。这样经过一次风燃烧后剩余的燃料，与掺混了烟气的助燃风燃烧，火焰温度明显低于理论火焰温度。同时燃烧速度明显减慢，火焰燃烧过程适当拖长，在炉膛辐射换热的作用下可以进一步降低火焰温度，通过降低火焰峰值温度达到降低NO_x生产的目的。由于炉膛烟气回流量与二次风速度成正比，因此炉膛烟气回流量可间接由二次风翻板控制。

空气分级：将助燃风分为外层、中层和中心三部分，其比例可调节，低氮氧燃烧器的全部燃料从中心风部分送入燃烧器开始燃烧，将原本一次完成的燃烧通过控制多次供风分多次燃尽，因为在燃料过剩的区域氧气与燃料结合的趋势远远大于氮气，在燃烧过程中只在燃烧尾部才出现助燃风过剩，燃烧时存在炉管换热可降低火焰区域温度，这样低氮氧燃烧器就达到降低氮氧化物的效果。

34.4.2   烟气再循环系统

烟气再循环系统结合低氮氧燃烧器可使燃烧系统得到更低的氮氧化物排放值。烟气再循环使用引风机将烟气送回到助燃风系统，通过降低助燃风氧量来降低燃烧速度，同时燃料放热后更多的烟气量将降低火焰温度，这样可以降低氮氧化物排放。

烟气再循环系统包含烟气循环管道、引风机、自动调节风阀、氧分析仪及手动翻板阀等。烟气引出点选择空气预热器下游温度较低的烟气，烟气送回点选择助燃风出空气预热器的热风管道，使得掺混烟气的助燃风在降低氧量的同时温度也比较低，有利于降低氮氧化物排放。引风机的风量根据热媒炉的负荷由气动烟气调节阀控制。为防止烟气循环系统不投用时助燃风直接泄漏到烟气中，在引风机的进口设置手动挡板阀，出口管道设置具有切断功能的烟气调节阀。在回流管线上设置的氧分析仪，能监控烟气循环量和热风的氧气含量，可保障热媒炉安全稳定地运行。烟气外循环流程图和烟气内循环见图34-1和图34-2。

34.4.3　低氮燃烧的数值分析

1）风分级对炉膛温度的影响

图34-3、图34-4分别给出二次空气量为30%与90%工况下优化后的模型得到的炉膛中心截面上温度的分布。可以看出，随着二次空气量的增加，最高火焰温度在降低，因为中心的空气量减少，燃料大部分集中在套筒内，使得燃烧处于贫氧燃烧状态，火焰温度有所降低。另外，未燃尽的燃料需要喷射到更远的距离才能充分燃烧，火焰长度增加。二次空气量从30%增加到90%，炉膛的出口温度从1438K下降到1384K。

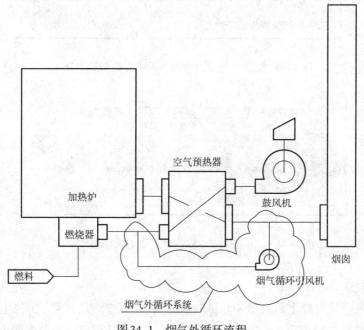

图34-1　烟气外循环流程

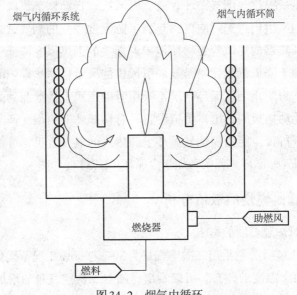

图34-2　烟气内循环

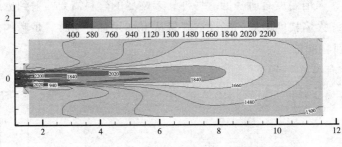

图34-3　二次空气量30%时炉膛中心截面温度分布

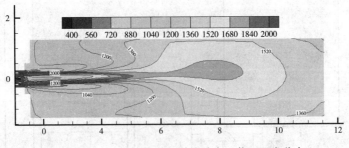

图34-4　二次空气量90%时炉膛中心截面温度分布

2）NO生成动态分析

天然气燃烧时产生瞬时型NO_x和热力型NO_x，其中，热力型NO_x的生成依赖高温条件，瞬时型NO_x需要高温和富燃低氧条件。下面从温度、组分浓度等分析燃烧

过程及 NO_x 生成速率的变化。

（1）温度。在二次空气量为30%和90%时，NO_x 浓度随温度的变化趋势，如图34-5所示。NO_x 浓度随着温度的升高而增加。NO_x 浓度最大值在火焰温度峰值之后出现。

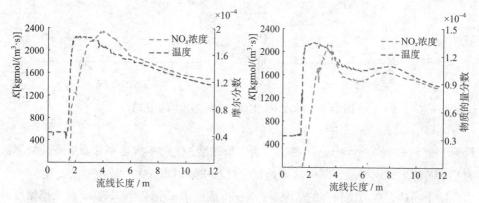

图34-5　NO_x 浓度随温度变化趋势

随着温度升高热力型 NO_x 的生成速率急剧升高，如图34-6所示，其最大值和火焰温度峰值基本出现在同一位置，当温度较低时只有较少量的热力型 NO_x 的生成。

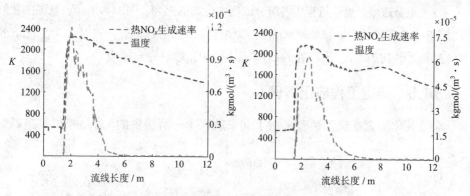

图34-6　热力型 NO_x 生成速率随温度变化趋势

瞬时型 NO_x 随火焰温度变化趋势，如图34-7所示。随着火焰温度的升高瞬时型 NO_x 速率变大，刚开始燃烧时燃料在高温下分解生成的 CH 自由基和空气中氮气反应生成 HCN 和 N，进一步与氧气作用以极快的速度生成 NO_x。但当火焰温度上升到最高时，高温区域的氧气大多已经耗尽，燃料浓度也有所下降，因此瞬时 NO_x 的生成速率有所下降。随着燃烧和氧气的混合，加上此时的温度仍然非常高，使得瞬时 NO_x 的生成速率出现回升，并且比之喷嘴处的速率还要高。在后期随着温度的

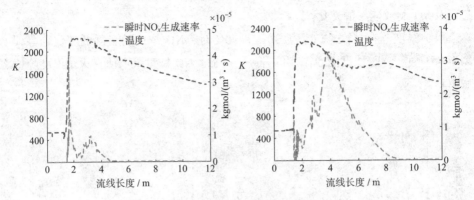

图 34-7　瞬时 NO_x 生成速率随温度的变化趋势

降低，燃料和氧气大部分已经燃烧，所以瞬时型 NO_x 的生成速率急剧下降，最后瞬时型 NO_x 的生成速率趋于零。这就是整个过程中瞬时型 NO_x 生成速率的变化。

综上所述，在温度较高的工况下，NO_x 生成速率和生成量都较高。而火焰温度升高的原因在于受到现有燃烧器接口条件限制，外围的燃气喷枪的分布圆不够大，外围喷枪的所有燃料在喉部组件内就接触到助燃空气，而在助燃空气通道内还是处于燃气不足而外围助燃空气过剩的状态，在外围喷入燃气后使燃烧更均匀，这样反而使燃烧更接近于一次燃尽，导致了火焰温度升高。

（2）组分浓度。燃烧过程中各组分浓度变化如图 34-8、图 34-9 所示，从图中我们可以看出，由于剧烈燃烧和大量 NO_x 的生成使得局部氧浓度降低，但由于每个工况下的空气过剩系数均为 1.2，出口处的 CO 浓度均为 0，燃料完全燃烧。

34.5　典型工程应用案例

珠海某化工企业聚酯装置采用了北京航天十一所提供的 5 台热媒炉。热媒炉

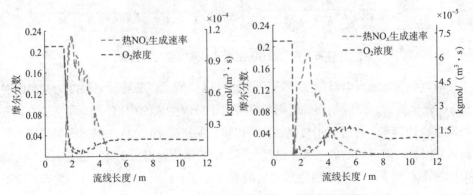

图 34-8　热力型 NO_x 生成速率随 O_2 浓度变化趋势

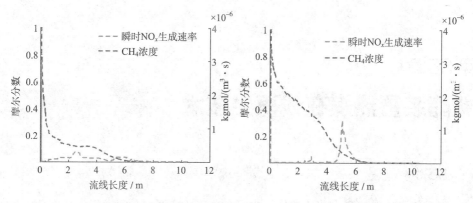

图34-9　瞬时型NO$_x$生成速率随CH$_4$浓度变化趋势

是立式圆筒型结构，以天然气为燃料，额定负荷均为17.5MW。由于按照原环保标准生产制造，在助燃风温度为260℃的工况下，改造前的烟气中氮氧化物值为250～350 mg/Nm³。航天11所对原炉进行低氮改造后，经第三方结构测量烟气中的氮氧化物值为55～90 mg/Nm³，完全满足GB 31571—2015《石油化学工业污染物排放标准》。改造现场见图34-10。

图34-10　珠海某企业热媒炉低氮燃烧改造现场图

第35章

聚酯装置热媒在线再生技术

35.1 概述

聚酯装置热媒，多为苯环类化合物，在高温环境下长时间运行，会逐渐劣化，有时因混入空气而氧化分解，有时因工作温度过高而裂解。通常来说，在装置运行十年左右的时间后，热媒就可能出现闪点降低、残炭或酸值升高等现象。热媒闪点低，即说明其中馏程低的轻组分较多，可能造成"气阻""气蚀"，影响系统正常运行；残炭高，说明系统中馏程高的重组分较多。重组分黏度大，传热系数小，导致系统流阻变大，传热效率降低，尤为严重的是，重组分会逐渐沉淀附着于管壁，形成油泥、油垢，导致传热不良，进而引发炉管烧穿等安全事故；酸值较高，说明有少量热媒已氧化，生成了有机酸，有机酸会腐蚀设备，危害系统安全。

GB 24747—2009《有机热载体安全技术条件》规定，闪点（闭口）小于等于60℃、运动黏度大于$50mm^2/s$、残炭大于1.5%或酸值大于1.5mg/kg，热媒即应处理或更换。

35.2 技术原理

再生的方式分为离线再生和在线再生两种，将系统热媒放出并运至再生工厂处理即为离线再生，在不停产的情况下现场再生的方式即为在线再生。

在线再生的原理是：在生产运行过程中，利用热媒中各组分的沸点不同，以减压精馏的方式将轻组分和重组分分离出来。

由于市场上的热媒品牌有数百种，化学成分各不相同，再生前应根据实测数据，并结合分析报告中的馏程范围，制订具体的施工方案。

与离线再生相比，在线再生有以下几方面的优点。

（1）不必停车：再生时系统可以正常生产，处理方便，无装置停产的损失；

（2）成本较低：在现场处理，节省了包装费、运输费，也没有反复装卸车的麻烦；

（3）过程可控：整个处理过程是在有关人员的监督下完成的，过程可控、管理成本较低；

（4）可清洗系统：再生过程中系统热媒的残炭逐渐降低，管壁上的油泥陆续溶解于油中，再生处理装置连续脱除重组分，反复循环直至系统在较低的残炭水平下达到新的平衡；

（5）收率较高：在线再生减少了运输、倒桶等损失，比离线再生收率提高 5%~10%。

35.3　工艺说明

在线再生采用间歇的方式进行，进料结束后进行精馏处理，通过控制精馏釜的温度和真空，先后将轻组分、成品油、重组分分离出来。轻组分和重组分装桶，成品油打入系统中，然后进料、处理，如此循环，直至指标符合要求。

在线再生不必外加热，利用在用热媒自身的热量便可实现再生，能耗极低。

再生装置的连接比较方便，从供油管线上引一根 $DN50$ 的管子和装置连接，作为进油管和加热管，从回油管线上接一根 $DN50$ 的管线作为回油管，再接两根 $DN25$ 的冷却水管即可。设备现场安装调试周期在三天左右。

在线再生装置结构紧凑，占地面积通常在 30m^2 左右，处理能力约 20t/d。流程示意图见图 35-1、实物照片见图 35-2。

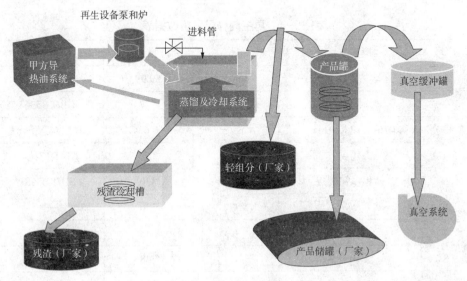

图 35-1　流程示意图

图35-2　实物照片

35.4　应用案例分析

中国石化M公司2017年7月进行了热媒在线再生，以此应用案例进行分析。

基本情况：聚酯装置四套生产线（50kt/a），其使用的热媒系统的导热油的牌号为首诺的T66，保有量550t。

1）再生前油质情况

2016年12月3日取样，检验结果见表35-1。

表35-1　再生前样品分析数据表

序号	检验项目	单位	检验结果	检验依据
1	运动黏度（40℃）	mm^2/s	59.99	GB/T 265
2	闪点	℃	177	GB/T 3536
3	酸值（以KOH计）	mg/g	0.63	GB 24747附录A
4	残炭	wt %	3.77	GB/T 17144
5	馏程　初馏点	℃	330	SH/T 0558
6	2%	℃	336	—
7	5%	℃	338	—
8	10%	℃	348	—
9	20%	℃	352	—
10	30%	℃	358	—

序号	检验项目	单位	检验结果	检验依据
11	40%	℃	362	—
12	50%	℃	366	—
13	60%	℃	378	—
14	70%	℃	398	—

从表35-1可见，残炭高达3.77%，远超国标规定（＜0.5%）。

2）再生过程

再生装置于2017年7月19日运抵现场，经现场安装、调试后于8月2日开始生产，9月18日装置停车，再生结束。

整个再生过程历时两个月，期间共蒸馏138釜，再生处理总量约828t，实际处理量为保有量的1.5倍左右。

再生过程产生轻组分26.572t、重组分93.662t。

3）再生质量

8月11日取再生成品油样，检验结果见表35-2。

表35-2 再生后样品分析数据表

项目	指标	检验结果
外观	黄色透明液体（80℃以上）	黄色透明液体（80℃以上）
残炭/%	＜0.1	0.0
闪点/℃	170	184
运动黏度（40℃）/（mm^2/s）	18.0～37.0	32.8
水分/（μg/g）	≤300	84
密度（20℃）/（g/cm^3）	0.98～1.05	1.033
馏程（10%）/℃	336～350	339
酸值/（mgKOH/g）	≤0.05	0.00

从表35-2可以看出，残炭、闪点等指标几乎接近于新油。

9月19日从系统取样检验结果见表35-3。

表35-3 系统取样分析数据表

项目	指标	检验结果
残炭/%	< 0.5	0.4
运动黏度（40℃）/（mm^2/s）	18.0 ~ 37.0	24.5
酸值/（mgKOH/g）	≤ 0.05	0.02
闪点/℃	≥ 168	172
馏程（10%）/℃	335 ~ 350	336

从表35-3可以看出，热媒油质指标达到约定要求。

4）收率

收率 =（550 - 26.572 - 93.662）/550 × 100% = 78.14%。

35.5 结语

热媒油的在线再生技术可实现资源的循环利用，无停产损失，能耗低，无废水和废气的排放，无安全环保风险，而且管理方便，经济效益和社会效益均十分显著。显然，在线再生技术更加符合"节能环保"的发展理念，值得推广。

第36章

管道不停输带压开孔封堵技术

36.1 概述

在化工化纤以及聚酯工业，管线在运行过程中，无论输送何种介质，除了进行有计划的停车维修和改造外，更避免不了突发性事故的抢修（如带压堵漏抢修、更换腐蚀管段、加装装置、分输改造等作业）。对管道进行维修的一般情况有：一是根据外界环境等因素的需要对管道进行改线；二是经智能检测后发现隐患问题，评估确认必须及时采取修补或者更换管段等措施，以便消除事故隐患；三是管道发生突发事故，必须尽快进行抢修，以便最大限度减少事故造成的损失，特别是给环境造成的严重危害。这些都要求在管道运行过程中对其进行紧急维修。过去传统的做法必须停止输送介质、清空管线后才能进行，或只能采取一些临时性补救措施，给管线的安全运行带来了极大的隐患，经济上也造成很大的损失，而且会给企业主的商业声誉造成不良的影响，不仅影响经济效益，安全又无法保证。北京金石湾管道技术有限公司开发了管道不停输带压开孔封堵技术。如果及时利用该技术，一切问题就可迎刃而解。此工艺技术优点是无须管线停产降压，更无须管线置换，只要将管线局部进行封堵后，进行改造连接等即可完成工作，既减少了停产带来的效益损失，又为施工带来了安全保证。因此，该技术可以在不停输情况下对管段进行维修、抢险、加接旁通管线、更换管段、更换或加设阀门仪表、站区改造等，特别是可用于那些压力高、易燃易爆、有毒有害的液态或气态介质的输送管线。

该工艺所适应输送管线内的介质压力和温度如下：

开旁通孔：直径$\phi 20\sim 1600$、压力$P\leqslant 6.4MPa$、温度t：$-60\sim 350℃$。

开封堵孔：直径$\phi 20\sim 1000$、压力$P\leqslant 4.0MPa$、温度t：$-30\sim 250℃$。

特殊工艺：合金材质、不锈钢材质开孔封堵工艺。

根据用户现场实际情况做专项封堵（高温高压），大口径低压管道气囊封堵。

36.2　该工艺的具体实施步骤

36.2.1　管件安装

（1）焊接前办理动火报告；

（2）检查四通管件各部分的几何尺寸是否与母管相符；

（3）四通管件焊接时，要严格按照封堵管件的焊接标准进行，见图36-1；

（4）在整个焊接施工过程中，管路内保持正压。

36.2.2　夹板阀安装

夹板阀制作完成后，安装见图36-2。

图36-1　预件制作图

图36-2　夹板阀安装图

36.2.3 安装开孔机并进行开孔

开孔示意图如图36-3所示。

管道开孔：管道带压开孔是指在密闭状态下，以机械切削方式在运行管道上加工出圆形孔的一种作业技术。当在运行的管线需要加装旁路支管时，可采用管道带压开孔技术完成，见图36-4。

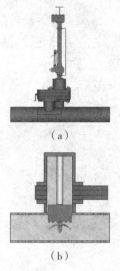

（a）

（b）

图36-3 开孔示意图

图36-4 开孔设备安装示意图

36.2.4 管道封堵

封堵分类：

（1）封堵按物理机械手段分为悬挂式封堵、桶式封堵、折叠式封堵、囊式封堵等多种形式。

（2）封堵按管内介质是否流动分为停输封堵和不停输封堵。管道不停输带压开孔、封堵、改线主要特点：工艺先进、不停输作业、安全可靠、无火焰操作、使用范围广、无污染。

36.3 管道开孔施工技术说明

36.3.1 现场施工工艺流程

施工准备——设备入场——确定开孔点——焊接开孔管件——安装开孔闸阀与开孔钻机——整体试压与氮气置换——开孔作业——关闭闸阀拆除钻机——清理现场——施工完毕

36.3.2 管道带压开孔工艺介绍

管道带压开孔是指在密闭状态下，以机械切削方式在运行管道上加工出圆形孔的一种作业技术。当在役管线需要加装支管时，可采用管道带压开孔技术完成。具体流程见图36-5。

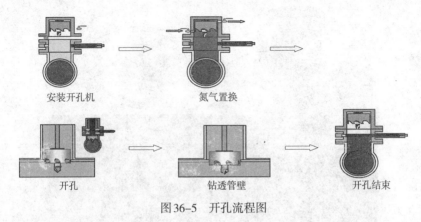

图36-5 开孔流程图

36.4 管线开孔工艺方案

（1）开孔前应对所有焊道和组装到管道上的阀门、开孔机等部件进行整体试压，试验压力为管道运行压力并稳压5min。

（2）使用泡沫水喷淋三通焊逢、各部件结合面，观察有无气泡产生，以压力不降低、不产生气泡为合格。填写《开孔作业检查表》。

（3）在安装刀具时，中心钻U形卡环应转动灵活，且每次开孔前应更换中心钻防松尼龙棒。刀具结合器与开孔机主轴之间的锥度连接不应有任何松动。测量开孔刀与开孔结合器内孔的同轴度，控制在1mm以内。

（4）开孔时要注意钻机的转数，应控制在开孔刀30m/min以内，液压站运行压力应控制在0.5MPa以下，额定排量在40L/min左右。开孔过程见图36-6。

（5）如果开孔机在开孔过程中出现刀具卡住现象，一般有两种可能性。一是液压站设定压力太小或者排量太小，这时停机重新调整液压站设定数据即可。二是刀具切削正常卡住。这时不能慌乱，首先要把液压站停机，把钻机挡位换到空位，用摇把手动逆时针盘动钻机减速箱大轮，然后挂入进给挡继续切削。

图36-6 开孔过程照片

（6）按照钻机转数及开孔大小计算开孔时间（钻机额定进给量$M=0.1mm/r$）。计算公式如下：开孔时间$T=H/v \cdot M$（式中，v为转速r/min）。

（7）开孔完毕后，将开孔刀回收到开孔机连接器内；关闭开孔阀门，倒空连接器内介质，拆下开孔机，开孔完毕。安装盲法兰，施工结束。开孔构件见图36-7。

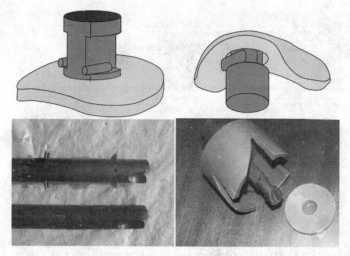

图36-7　开孔构件图

36.5　管道封堵技术方案

36.5.1　管道封堵技术介绍

管道盘式封堵技术适用于管道标准而且管道内壁没有结垢、腐蚀的长输管道，大多用于输送石油、天然气、成品油的长输管道，以及管道的抢修工作。该工艺具有封堵严密、承压高、施工快的特点，具有耐高压的保障；同口径钻孔，液压推进，快捷方便，为施工争取了时间（时间保障），见图36-8。

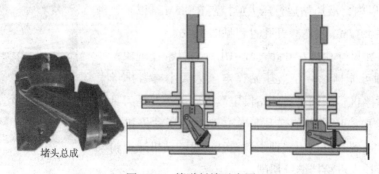

堵头总成

图36-8　管道封堵示意图

36.5.2 主要施工工艺流程

施工准备（新管线就位）——封堵设备入场——确定封堵点和旁通点——管件（含旁通管件）焊接——安装夹板阀与开孔钻机——整体试压——开孔作业（含旁通孔）——关闭夹板阀拆除钻机——安装旁通管线——安装封堵器——进行封堵——封堵完毕——管线放空——不动火切割——打黄油墙——管线连头——拆除旁通线——解封回填施工完毕

见带压封堵示意图36-9。

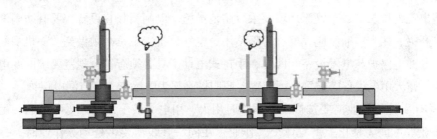

图36-9　带压封堵示意图

36.5.3 施工前准备

满足施工必备条件后，施工作业前，需进行如下物料、器具、车辆及人员培训等各项准备工作：

（1）施工所需的各类阀门、管件、封堵器等物料器具购置齐备，封堵三通、对法兰预制完成，筹备施工作业相关各类设备、工器具、检测设备、防护用具并进行必要的检修维护。所有设备进入现场前必须做进行认真的检测和检查，确保所有进场设备处于完好备用状态。

（2）做好施工所需各类车辆（如运输车、工程车、消防车）、移动式灭火器、施工作业所需人员等的调配工作，做到每台灭火器均有专人负责操作。

（3）现场设置作业隔离带，非施工有关人员禁止进入作业区，分别在两端设置安全疏散通道，并保证安全通道畅通。

（4）组织全体施工作业人员进行施工方案的学习，做到分工明确、责任到人；同时做到熟练掌握与本作业组职责相关的各项操作技能和工器具使用要点。

（5）对全体施工作业人员进行施工作业相关的安全、防火和应急预案教育并签订安全承诺书，所有人员能够熟练使用急救防护器具和消防器材。

（6）施工前，要对管道运行情况能否满足施工作业条件进行确认，与业主联系将施工有关情况提前通报，做好沟通与联络，确定动火时间。

（7）所有涉及焊接、切割、开孔作业前必须按要求办理用火作业票，每个用火作业点需配备8kg灭火器4个，发电机、电焊机等用电设备必须设置临时静电接地，每处需配备2具灭火器，并有专人负责应急操作，动火期间已明确的项目负责人、现场安全负责人、安全员、监火人必须同时坚守岗位，严格落实"三不动火"原则。

（8）必须在管道密闭状态下一次完成封堵三通、平衡孔接管短节、排气孔接管短节及对法兰焊接。作业时，消防车必须到位。

（9）敷设的临时用电线路符合《施工现场临时用电安全技术规范》要求，在有可能出现人员踩踏、车辆碾压段要采取防范措施。电闸箱竖直设置，要有防雨淋措施，开关、插头、插座应完好并正确使用，电气设备、工具必须做到"一机一闸一保护"漏电保护与电气设备相匹配，手持式电动工具必须有符合规范要求的漏电保护器。露天用电设备需配置防雨装置，照明灯必须为防爆灯，且有漏电保护。

（10）施工作业前要按规定办理临时用火、用电、破土、进入受限空间、吊装等作业许可证。禁止上下立体交叉作业，在同一管线需要多处动火作业时，只能有一个动火点进行作业。

（11）放空作业要提前采取有效的防控落实措施。

（12）在管线上焊接、开孔、封堵、切割等项作业前均要分别进行油气浓度检测，检测时必须分别用两台同型号的可燃气体检测仪进行检测，且检测仪器必须在有效期内，完好有效。

（13）在连头焊接点附近设置一个临时管道接地，接地体要进行检测，其接地电阻<10Ω。

（14）施工作业前，必须确认上下游管道的阴极保护已关闭，并履行签字手续。责任到人，每个程序、环节都要经过专人检查确认并签字。

36.5.4　管件焊接前准备

（1）管件焊接前首先确认办理动火作业许可证，确认管件型号是否和封堵母管型号相符。

（2）封堵三通上半瓦和下半瓦配套，可以分别作标识，以免混淆。

（3）封堵母管要选择腐蚀点少的地方作为焊接点。

（4）铲除原管线上的防腐层，将开孔间距范围内的螺旋焊管的螺旋焊缝磨平。

（5）组对封堵三通和旁通三通，在三通上面打地线，落实保护措施，防止焊接静电隐患。

（6）若不清楚内壁腐蚀情况必须用测厚仪进行测量再进行焊接。

（7）根据《钢制管道封堵技术规程第一部分：塞式、筒式封堵》SY/T6150.1—2011标准中关于管道允许带压施焊的压力计算公式，如下计算：

$$P = 2 \pounds s (T - C) \div D \times F$$

式中　　P——管道允许带压施焊的压力，MPa；

　　　　$\pounds s$——管材的最小屈服极限，MPa；

　　　　T——焊接处管道实际壁厚，mm；

　　　　C——因焊接引起的壁厚修正值，mm（一般取2.4mm）；

　　　　D——管道外径，mm；

　　　　F——安全系数，原油、成品油管道取0.6，天然气、煤气管道取0.5。

36.5.5　管件焊接

现场施工情景见焊接管件示意图36-10。

严格按照规定办理动火作业许可证、临时用电作业许可证；选择好封堵点后进行管件的焊接，根据在役管线的实际情况，选用材质为16Mn，压力等级为10MPa的三通。管件焊接要严格遵守《钢制管道封堵技术规程第一部分：塞式、筒式封堵》中ST/T 6150.1—2011中规定的焊接顺序进行焊接。在带压焊接作业时应严格遵照《三通焊接工艺评定》的要求，并在满足如下要求时焊接作业。

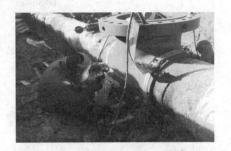

图36-10　焊接管件示意图

（1）管道介质流速要求：管件焊接时，管道内介质流速不应大于10m/s。

（2）管件组对：对开三通法兰沿管道轴线方向的两端到管顶的距离差小于1mm，对开三通法兰轴线与其所在位置管道轴线间距不应大于1.5mm，见管件组对示意图36-11。

图36-11　管件组对示意图

（3）焊接遵循的焊接工艺标准：对焊接三通部位的管道螺旋焊缝进行适量打磨，执行《现场设备、工业管道焊接工程施工及验收规范》（GB 50236—1998）。

（4）对开三通焊接顺序：

a. 应先同时焊接两侧直焊缝，再焊接环焊缝。

b. 每道纵向直焊缝两名焊工焊接时，应按图36-12（a）所示焊接顺序同时焊接。

c. 每道纵向直焊缝四名焊工焊接时，应按图36-12（b）所示焊接顺序同时焊接。

d. 对开三通的两道环向角焊缝的焊接时，先焊接完成一侧环向角焊缝后，再焊接另一侧环向角焊缝。当两名焊工同时焊接一道环向角焊缝时，应按图36-13所示焊接顺序同时焊接。

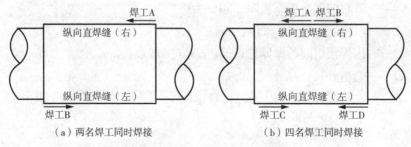

（a）两名焊工同时焊接　　　　　　（b）四名焊工同时焊接

图36-12　纵向直焊缝焊接顺序

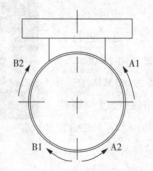

图36-13　环向角焊缝焊接顺序

（5）纵向直焊缝的焊接：对开三通纵向直焊缝宜加垫板操作。

（6）环向角焊缝的焊接

a. 对开三通护板与管道的环向角焊缝的焊接宜采用多道堆焊形式，见图36-14。

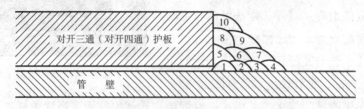

图36-14　环向角焊缝堆焊焊接形式示意图

b. 对开三通（对开四通）护板厚度小于或等于1.4倍管壁厚度时，焊角高度和宽度应与护板厚度一致，见图36-15。

c. 对开三通（对开四通）护板厚度大于1.4倍管壁厚度时，焊角高度和宽度

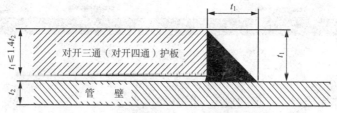

图36-15　环向角焊缝焊示意图

角尺寸（护板厚度小于或等于1.4倍管壁厚度）

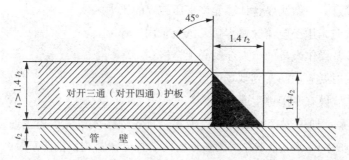

图36-16　环向角焊缝焊角尺寸（护板厚度大于1.4倍管壁厚度）

应等于1.4倍管壁厚度，见图36-16。

图36-17　检测示意图

每道焊缝结束后应进行检测。检测合格后，对三通管件进行氮气试压，试验压力为管道运行压力，合格后方可进行下一道工序。见检测示意图36-17。

施工注意要点：

管件焊接时电焊机地线应放置在管件的上面并接触牢固，确保发电机接地，避免静电作用；

为了防止焊接过程静电影响，防止由于静电而产生事故，必须在封堵三通部位焊接一个钢筋（60cm长，直径8mm）用于接地处理，及时把静电导入地下；

若不清楚内壁腐蚀情况必须用测厚仪进行测量再进行焊接；

此项环节为施工重点环节，施工为了保证安全，除以上措施必须做到外，要保证：施工现场设两名专职监火人；

在管道密闭状态下，提前确定平衡孔、排气孔、抽油孔以及对法兰的位置，一次性完成封堵三通、平衡孔接管短节、抽油孔接管短节、排气孔接管短节及对法兰的焊接。

图36-18　焊接完工示意图

焊接工作完成后，管道的效果见图36-18。

危险因素：焊接时击穿，导致里面的介质燃烧爆炸。

预防措施：

a．焊接点必须做测厚，计算允许带压施焊的压力。

b．焊接时采用小电流缓慢焊接，禁止采用气焊。

c．焊接及操作人员的个人穿戴必须合格。

d．焊接时要有消防车到现场值班。

e．操作坑设有专用逃生通道。

应急预案：如果焊接时出现电流击穿，首先焊接人员先由逃生通道逃生，同时有现场监护人员通知业主并关闭最近的两端管道截断阀，消防车及时进行灭火。若是操作人员受伤，及时用电话呼叫急救电话：120。

36.5.6　管线开孔

管件焊接完毕检查合格后要组装夹板阀，在安装前要启闭开关两次再装到管件上面去，防止夹板阀安装后打不开，开完孔后夹板阀不能关闭，见图36-19安装夹板阀示意图。具体要求：夹板阀必须试压合格，且应在关闭状态下吊装；内旁通应关闭；应测量夹板阀内孔与对开三通法兰内孔的同轴度，同轴度误差不应超过1mm。

图36-19　安装夹板阀示意图

（1）安装开孔机完毕后要对连箱内空气进行置换，将开孔连箱下面的阀门连接氮气接口，开孔连箱上面的阀门放空，图36-20为安装开孔机示意图。

（2）开孔前应对所有焊道和组装到管道上的阀门、开孔机等部件进行整体试压，试验压力为管道运行压力并稳压5min。图36-21为试车过程示意图。

（3）管线开孔前要检查开孔

图36-20　安装开孔机示意图

压力表　　　　整体试压示意图　　　　氮气置换示意图

图36-21　试车过程示意图

刀在连箱里的位置是否有偏心现象，若有则卸下刀具，先用仪器测量开孔连箱是否中心，然后测量刀具中心位置，再把刀具扳紧。

36.5.7　开平衡孔、放空孔

平衡孔位于封堵器后面，用于平衡管内压力，解封。利用人工方式开孔；本工程放空可以利用已开好的平衡孔作为放空孔使用。见图36-22。

图36-22　开平衡孔示意图

36.5.8　管线封堵

（1）安装封堵器，此时夹板阀在关闭状态，如图36-23所示。

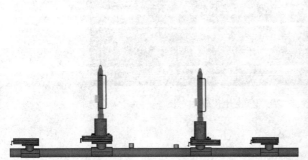

图36-23　安装封堵器示意图

（2）架设旁通管线临时管线，见图36-24。由于介质为易燃、易爆的天然气，连同临时管线同时需要把临时管线内的其余气体置换出去。

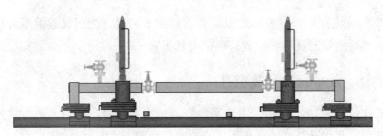

图36-24　临时管线示意图

（3）接到业主停输通知以后进行封堵作业，封堵作业期间管线内压力、流速需保持稳定。

（4）封堵设备吊装到夹板阀上之前，确认封堵头的封堵方向为被封堵管段方向。

（5）管线封堵时应先进行下游施工点封堵，后进行上游施工封堵，见图36-25。

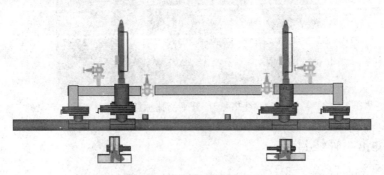

图36-25　封堵点位置确认图

（6）封堵时要仔细观看开孔时切割下来的马鞍块，根据管道内壁结垢和腐蚀情况确定封堵头皮碗的挤压程度，见图36-26。

（7）判定封堵的严密性，封堵完毕后要进行放空作业，但必须先判定封堵已经严密，见图36-27。

图36-26　观察马鞍块

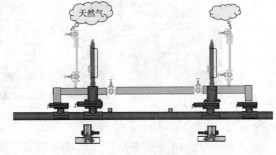

图36-27　放空操作示意图

（8）检测封堵严密性：打开平衡孔降压，压力降到某一值后，关闭平衡孔阀门观察5min，若封堵隔离段管道压力没有回升，则封堵成功。

36.5.9　断管和打黄油墙操作

（1）封堵完成后，首先要测量管线连头尺寸，确定不动火切割位置。断管要求与封堵位置最少距离2m，连头位置选择打黄油墙，避免有部分残留气体。

（2）在水保护下进行切管作业。切管时首先安装液压爬管机，结合待切削管线的尺寸来确定驱动轮合适的安装位置。

（3）安装不动火切割机，进行切割作业。切割过程注意给刀片冷却降温。见图36-28。

图36-28　不动火切割示意图

（4）管段切割下来后，要对焊接连头位置的管道进行内侧清理。清理工作一定要细致，注意不要有敲击动作，以免产生火花。见图36-29。

图36-29　打黄油墙和油气检测示意图

（5）管口内侧清理干净后，喷洒干粉灭火剂，用黄油墙隔绝皮碗，再用测爆器检测可燃气体浓度，含氧量应底于2%，可燃气体浓度低于爆炸下限的1%时，方可进行接管工作。见图36-30。

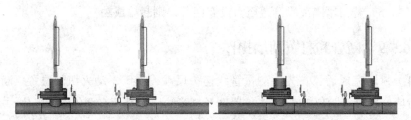

图36-30　接管示意图

（6）所采用的黄油墙是黄油与滑石粉混合制成，滑石粉和黄油比例为3∶1，封堵的有效长度不应小于1倍管径。距管口的间距200mm。

（7）黄油墙打完后，向黄油墙喷洒干粉，随后进行可燃气体检测，经检测合格后方可办理用火作业许可证，进行连头作业。

（8）危险因素：切割时产生火花，导致爆炸或燃烧。

（9）预防措施：不动火切割时，必须采用专用的爬管机，而且爬管机不能用电动的，防止管道在切割时产生火花，同时用水降温保护。

36.5.10　新旧管线连头解封回填

（1）新旧管线连头完毕后，焊道检测都合格方能进行解封。合格后，新老管线进行压力平衡。

（2）解封前必须确认新管线可以投入使用。封堵解封时要缓慢，封堵头提出时精确计算提入的尺寸，防止未提到连箱内就关闭夹板阀，导致关闭不严产生泄漏危险。

（3）旁通管线和封堵器拆除后要进行塞堵作业。首先在堵塞上面装"O"型圈。将下堵器安装在夹板阀上面进行塞堵，见图36-31。

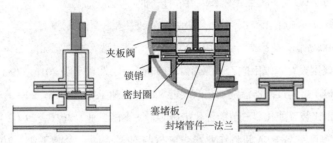

夹板阀
锁销
密封圈
塞堵板
封堵管件—法兰

图36-31 塞堵示意图

（4）对开孔结合器腔体进行氮气置换，并用可燃气体测爆仪测量出气口处气体，当含氧气量小于2%时为合格。

（5）下塞堵作业期间管道运行参数应保持稳定。

（6）确认塞柄到位后，伸出卡环并确认卡环圈数。

（7）若塞堵不能正常下到尺寸，要拆开更换密封圈，重新塞堵，直至堵塞下到位。

（8）塞堵后可以将夹板阀拆下来，将管件盖上盲板，整个施工即告完毕，见图36-32。

图36-32 完工示意图

36.6 结语

在聚酯装置或者其他装置需要改扩建、泄漏处理时，可以利用管道不停运技术，开展如对天然气、循环水或是其他管道进行一系列相应的工作。

参 考 文 献

［1］殷俊信，蒋士成.《聚酯生产》1997年4月：前言节选.

［2］洪升，马海康，陈启中. 80年代世界最大聚酯装置再造新记录［J］. 聚酯工业，1997，4.

［3］郑宁来. 100kt/a国产化聚酯装置建成投产［J］. 合成树脂及塑料，2001，2.

［4］钱伯章. 我国聚对苯二甲酸乙二醇酯需求分析［J］. 聚酯工业 2016，29（6）：10.

［5］季先进，PET熔体过滤器清洗工艺的改进［J］. 聚酯工业，2016，29（1）：39-40.

［6］朱建松，PET装置酯化蒸汽节能优化措施［J］. 聚酯工业，2016，29（2）：31-33.

［7］陈启中，聚酯装置PTA卸料作业粉尘分析与对策［J］. 聚酯工业，2016，29（5）：
    47-49.

［8］陈跃生，沈国建，夏岳根. 聚酯工厂能耗分析和节能措施探讨［J］. 聚酯工业，2016，
    29（6）：37-40.

［9］訾双凤，陈东升，倪玉林，俞卫华. PET装置蒸气余热利用优化［J］. 聚酯工业，
    2016，29（6）：46-47.

［10］李文辉. 炼油装置加热炉节能途径与制约因素［J］. 中外能源，2009，14（10）：
    85-91.

［11］钱家麟等. 管式加热炉［M］. 中国石化出版社，2005：524-525.

［12］JAWOROWSKI R.J, MACK S.S. Evaluation of Methods for Measurement of SO_3–H_2SO_4 in Flue-
    gas［J］. Journal of The Air Pollution Control Association，1979，29（1）：43-46.

［13］何奋彪. 空气预热器烟气露点腐蚀及处理［J］. 科技创新与应用，2013，5：86.

［14］钱余海，李自刚，杨阿娜. 低合金耐硫酸露点腐蚀钢的性能和应用［J］. 特殊钢，2005，
    26（5）：30-34.

［15］姜元庆. 加热炉空气预热器腐蚀原因分析［J］. 石油化工设备，2013，42（4）：84-87.

［16］杜洪建. 耐硫酸露点腐蚀搪瓷空气预热器［J］. 石油化工腐蚀与防护，2007，24（4）：
    38-40.

［17］李文辉，厉亚宁，赵建国. 空气预热器的运行管理［J］. 石油化工设备技术，2009，
    30（3）：5-8.

［18］李红彬，甘胜华，张学斌，汪少朋. PET酯化废水中回收乙醛和乙二醇技术及效益［J］.
    聚酯工业，2017，30（1）：8-10.

［19］李红彬，甘胜华，张学斌，汪少朋. PET酯化废水中有机物回收技术开发及应用［J］.
    聚酯工业，2017，30（5）：5-7.

［20］钱伯章. 2016年欧洲PET回收率接近60%［J］. 聚酯工业，2018，31（1）：3.

［21］李允成，夏明．涤纶长丝基础［M］．中国纺织出版社，1997．

［22］王荣光，夏波拉，张瑞志等．涤纶长丝设备的使用与维护［M］．中国纺织出版，1997．

［23］化纤产业技术创新战略联盟．中国化纤行业发展规划研究（2016—2020）［M］．北京：中国纺织出版社，2017．

致　　谢

随着我国聚酯工业的迅速发展，从事于聚酯装置的科研、设计和生产单位越来越重视节能和环保工作，在具体的工作中，通过技术创新和实践，形成了我国聚酯工业在节能环保方面的技术突破，取得了可喜的成绩。为了系统地总结当代聚酯节能环保新技术，编委会组织编写了这本资料，供有关人员参考。对以下各单位的技术人员、领导给予的大力支持和帮助，在此表示衷心感谢！

中国石化仪征化纤有限责任公司

中国石化上海石化分公司

中国石化燕山石化分公司

中国石化天津石化分公司

中国石化洛阳石化分公司

中国昆仑工程公司（中国纺织工业设计院）

华东理工大学

江苏中核华纬工程设计研究有限公司

中国石化青岛安全工程研究院

北京航天石化技术装备工程有限公司

　（北京11所）

中船重工第七一一研究所

聚友工程有限公司

《聚酯工业》杂志

《合成纤维及应用》杂志

无锡市兴盛环保设备有限公司

新加坡康柏斯粉粒体工程公司

上海汉瑞机械工程有限公司

上海凯睿达机械工程有限公司

诺特克智能设备南京有限公司

江苏中圣压力容器装备制造有限公司

上海孚凌自动化有限公司

杭州中能气轮动力有限公司

杭州锅炉集团股份有限公司

杭州菲达物料输送工程有限公司

上海优华公司

无锡高达热能科技（厦门）有限公司

上海安葆能源科技有限公司

联优机械（常熟）有限公司

安徽天富泵阀有限公司

北京兆信绿能科技有限公司

北京金石湾管道技术有限公司

洛阳森德石化工程有限公司

凯特克集团凯特克贸易（上海）有限公司

松下制冷（大连）有限公司

江苏双良集团公司

无锡智能自控工程股份有限公司

阿法拉伐（上海）技术有限公司

传特板式换热器（北京）有限公司

四平市巨元瀚阳板式换热器有限公司

南通纳新节能科技有限公司

无锡力马化工机械公司

中国石化炼化工程（集团）股份有限公司

　洛阳技术研发中心

镇江宝利玛环保设备有限公司

斯普瑞科技有限公司

上海高质泵（GOULDS）有限公司

武汉新世界制冷工业有限公司

太原先导自动控制设备有限公司

嘉兴市宝程化工有限责任公司

张家港保税区万盛机械工业有限公司

北京华航盛世能源技术有限公司

徐州然绕控制研究院有限公司